JN247838

改訂 第4版

基礎からわかる 情報リテラシー

コンピューター・インターネットと付き合う基礎知識

奥村晴彦・森本尚之 著

技術評論社

はじめに

INTRODUCTION

Windows XX や Microsoft Office 20XX など，特定のソフトの特定のバージョンの使い方を解説した「マニュアル本」は，巷にあふれています。しかし，それらは明日には役に立たなくなるかもしれません。それどころか，目の前にあるコンピューターが Mac や Linux なら，今日でも役に立ちません。

もうちょっと基本的なレベルで勉強しておけば，何年たっても，どんな環境でも，役に立つはずです。

そう考えて，本書を作りました。

本書には，Windows や macOS，Linux，メモ帳，ペイント，GIMP，Microsoft Office，Google ドキュメントなど，いろいろなソフトが登場します。しかし，それらのマニュアル本ではなく，コンピューターやスマートフォンを楽しく安全に使うための基本的な考え方を述べたつもりです。

また，技術的な知識だけではなく，著作権などの法律についても解説しました。

本書の初版は 2007 年に三重大学学術情報ポータルセンター（当時）の取り組みの一つとして作られたものです。亀岡孝治副学長（当時）をはじめとするセンターの皆様，工学部電気電子工学科情報処理研究室の鶴岡信治氏には始終お世話になりました。また，教育学部情報教育教室の萩原克幸氏，附属図書館の杉田いづみ氏にもご寄稿いただきました。第 2 版は奥村の責任で全編を改訂しました。第 3 版からは三重大学地域人材教育開発機構の森本が加わり，より現場のニーズに即して改訂しました。第 3 版の改訂にあたって，三重大学総合情報処理センターの白井伸宙助教に貴重なご指摘をたくさんいただきました。他書とは趣が違うところが多い本書ですが，広く利用していただけているようで，ほっとしています。

第 3 版で R の章を加えたのに続き，第 4 版では Google Colaboratory による Python の付録を加え，データサイエンスの基礎も学べるように全体を見直しました。引き続き，ご意見・ご希望をいただければ幸いです。

2020 年 10 月

奥村 晴彦

森本 尚之

目次
CONTENTS

1 まず初めに

BASICS

1.1 コンピューターとのつきあい方

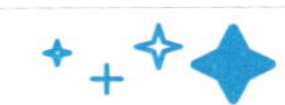

スマホやタブレットなども含め，コンピューター*1 は私たちの暮らしに必須の道具です。コンピューターとのつきあい方が正しければ，長時間使ってもあまり疲れませんが，そうでなければ疲れたり体を痛めたりします。次の点をチェックしてみましょう。

- コンピューターを操作するとき肩や手首がリラックスしているか。姿勢が悪いと，すぐ疲れます。スマホやタブレットなら持ち方や顔からの距離，PC なら椅子の高さやキーボードの位置にも注意しましょう。
- ディスプレイ（画面）に窓の光などが映り込んでいないか。ディスプレイの裏にまぶしい光がないか。必要に応じてディスプレイの位置や向きを調節したり，カーテンをしたりしましょう。ディスプレイの表面がほこりで汚れていたら，拭きましょう。
- ディスプレイの明るさや色のバランスは適当か。ディスプレイは周囲と同程度の明るさにすると疲れません*2。周囲の明るさは昼と夜で変わりますので，ディスプレイもそれに合わせて調節しましょう。明るさ（輝度，ブライトネス*3）と明暗の差（コントラスト*4）の両方を調整し，見やすい画面にしましょう。
- ディスプレイを睨みつけていないか。瞬きをよくし，疲れたら目を閉じたり遠くを眺めたりしましょう。
- パソコンの場合，キーボードを見ていないか。キーボードとディスプレイを目が往復すると，目が疲れます。キー配列を覚えて，指の感覚だけで打てる「タッチタイピング」（☞ 19 ページ）をマスターしましょう。
- 文字の大きさは適当か。文字の大きさやマウスカーソルの大きさは，変えられるはずです。画面の白黒を反転することもできます。自分のパソコンなら自由に設定を変えてみましょう*5。

✎ Windows では「夜間モード」，Mac や iOS では「Night Shift」を設定すると，目が疲れにくい暖かい色になります。さらに，ディスプレイやパソコンの設定で，明るさやコントラスト以外に，**ガンマ値**（γ 値）や**色温度**を変えることもできます。ガンマ値は白と黒の中間の明るさを決める値です。色温度は，高くすると青白い蛍光灯と合った色に，低くすると暖かみのある白熱電灯と合った色になります。Windows では「設定」から「色の管理」で検索してください。Mac では「システム環境設定」の「ディスプレイ」でできます。青色光を部分的にカットするパソコン作業用メガネも，目の疲れを減らすといわれています。

*1 本書第2版までは「コンピュータ」と表記していましたが，1991 年の内閣告示第二号「外来語の表記」に合わせてマイクロソフトが 2008 年から「コンピューター」で統一したことなどを受け，本書も「コンピューター」で統一することにしました。

*2 パソコン用液晶ディスプレイの出荷時の設定は明るすぎることがあります。薄暗い室内では，最も暗い設定にしても明るすぎるくらいです。そんなときは，次のガンマ値や色温度も含めて調節してみましょう。

*3 brightness

*4 contrast

*5 みんなで使うパソコンでも，一人一人別のアカウントでログインして使う場合は，個人ごとの設定が保存できるはずですので，自分に合った設定にしてみましょう。

1.2 コンピューターの基本用語

▶コンピューターの種類

コンピューターには，**スーパーコンピューター（スパコン）**や，いわゆる**メインフレーム**（汎用機）のような大きなものもありますが，われわれがふだん使うのは，**パソコン**（パーソナルコンピューター，**PC** *6），**スマホ**（スマートフォン），**タブレット**の類です。パソコンは，机の上に据え置いて使う**デスクトップ**型と，持ち運べる**ノート**型（**ラップトップ**型）*7 とに分類されます。

▶OS

コンピューターのスイッチを入れると起動するソフト*8 が **OS**（オペレーティングシステム*9）です。パソコンの OS は，Windows，macOS *10，Linux，Chrome OSなど，スマホやタブレットの OS は iOS，iPadOS，Android などがあります。

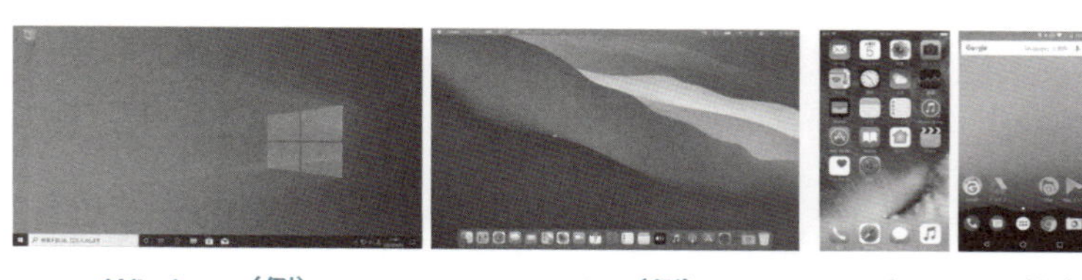

図 1.1　いろいろな OS の起動画面の例。今どきのパソコンの OS はどれも，マウスやタッチパッドなどで操作する **GUI**（Graphical User Interface，ジーユーアイ，グーイ）を備え，使い勝手はほとんど同じ。スマホやタブレットの OS は，指やスタイラスペンで画面をタッチして操作する GUI を備える。一部の機種はマウスやタッチパッドなどでの操作にも対応する。

▶アプリケーションソフト

OS が起動した後で，必要に応じて起動するワープロソフトや表計算ソフトなどを，**アプリケーションソフト**，略して**アプリ**といいます。

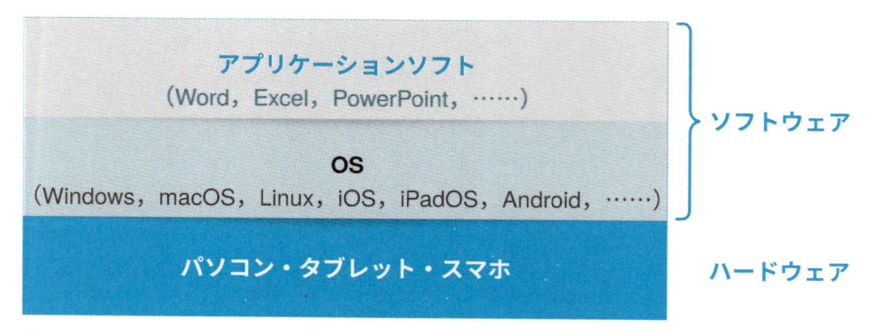

図 1.2　ハードウェア（機械としてのパソコン・タブレット・スマホ）の上で OS が動き，OS の上でアプリケーションソフトが動く。

*6 PC は Personal Computer の略です。IBM PC の系統（MS-DOS や Windows で動くもの）を特に PC と呼び，macOS で動く **Mac** などと区別することもありますが，本書では区別しないで用いています。

*7 キーボードを取り外したり折りたたんだりしてタブレットとしても使える機種（いわゆる 2-in-1）もあります。

*8 ソフトはソフトウェア（software）の略で，コンピューターのハードウェア（hardware，機械部分）以外のものです。厳密には，OS より先に UEFI（古い PC の場合は BIOS）やブートローダが起動します。

*9 Operating System。OS を**基本ソフト**と呼ぶこともありますが，基本ソフトウェアという語は，OS を含むより広い範囲を指すシステムソフトウェアの訳語としても使われています。

*10 macOS は以前は Mac OS X と呼ばれていました。それが OS X になり，現在の正式名は macOS です。

1.3 Windows へのサインイン

ここではセットアップを済ませた Windows について説明します。

▶ロック画面

電源スイッチが入っていなければ，入れて，OS が起動するのを待ちます。**ロック画面**（待機画面）が現れたら，特に指示がない場合は，適当なキーを押すか，マウスをクリックするか，タッチパネルなら下から上に**スワイプ**（掃く操作）すると，サインイン画面が現れます。

図 1.3　Windows のロック画面。どれかのキーを押すとサインイン画面に移る場合が多い。

▶サインイン画面

コンピューターやサービスの利用権のことを**アカウント**[*11] といいます。また，コンピューターやサービスを使う際の本人確認を**ユーザー認証**といいます。

コンピューターを利用するためにユーザー認証を行うことを，Windows では**サインイン**[*12] または**ログオン**[*13]，Mac や Linux では**ログイン**[*14] といいます。逆に，コンピューターの使用をやめる操作を**サインアウト**[*15]，**ログオフ**[*16]，**ログアウト**[*17] といいます。

ユーザー認証には，**ユーザー名**（ユーザ名，**ID**（アイディー）ともいいます）と**パスワード**を使うことが一般的でしたが，IC カードや生体認証（指紋認証，顔認証，虹彩認証など）を使うことも増えました。自分持ちのパソコンでは **PIN**（ピン）[*18]（暗証番号）を使うことが増えています。PIN は 4 桁以上の数字でいいのですが，アルファベットや記号を使うこともできます。

*11 account

*12 sign in

*13 logon

*14 login

*15 sign out

*16 logoff

*17 logout

*18 Personal Identification Number

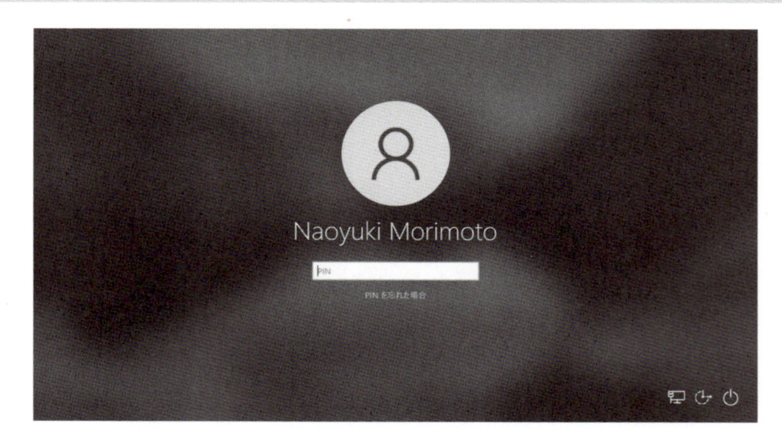

図 1.4　Windows のサインイン画面（PIN を利用する場合）。覗き見を防ぐために PIN は何を入力しても黒丸が表示される。

▶ユーザー名とパスワード

ユーザー名やパスワードは大文字（ABC…）と小文字（abc…）を区別するので，注意が必要です。大文字は Shift （シフト）キーを押しながら打ち込みます。また， Shift + Caps Lock （キャップスロック）で大文字入力に切り替わります*19。もう一度同じ操作をすると，小文字入力に戻ります。パスワードを正しく入れているはずなのにログインできないというトラブルの原因のほとんどが Caps Lock です。これを解除してやってみてください。それでもうまくいかなければ，右側のテンキー（ 0 ～ 9 ）でないほうの数字キーを使ってみてください。0（ゼロ）と O（オー），1（いち）と l（エル）と I（アイ）なども間違えやすいものです*20。

*19 Caps Lock だけでよい場合もあります。

*20 特に間違いやすいゼロとオーについては，ゼロを ∅ と書いて区別することがあります。

パスワードは，友だちにも教えないようにしましょう。パスワードが漏れてしまったなら，すぐに変更しましょう（☞ 155 ページ）。

✎ PIN ではなく Microsoft アカウントのパスワードを入力してサインインすることも可能ですが，このパスワードはほかの機器でも利用できるため，盗み見などによりパスワードが漏洩したら Microsoft アカウントを乗っ取られてしまいます。一方で，PIN は漏洩してもほかの機器では使えません。そのためサインインにはパスワードではなく PIN を用いることが推奨されています。

✎ スマホでよく用いられている指紋認証によるロック解除と同様に，パソコンに生体認証用の機器が付いていれば，PIN の代わりに生体認証でサインインすることができます。

✎ ユーザー名・パスワードも PIN も入れないでサインインする設定にもできますが，パソコンが盗まれたときに中のデータに簡単にアクセスされてしまいます。詳細は第 11 章をご覧ください。

✎ パソコンにログインするためのアカウント以外に，メールを読むためのアカウントなど，いろいろなアカウントがあります。同じ組織が発行したアカウントでも，必ずしもパスワードが連動しているわけではありません（初期パスワードが同じでも，一つを変更しても残りは元のままかもしれません）。アカウントが増え続けるのを避けるため，LDAP（エルダップ）や Active Directory（アクティブ ディレクトリ）などの仕組みを使って複数のシステムでパスワードを連動させたり，一つのシステムにログインしたらほかのシステムも使えるシングルサインオンという仕組みを取り入れたりする大学が増えました。一般のサービスでは，ユーザー登録をしないでも別サービスのアカウントでログインできる OAuth（オーオース）という仕組みも増えています。

1.4 Windowsの基本操作

▶デスクトップ画面

Windows では，コンピューターにサインインすると**デスクトップ**画面が現れます。デスクトップ*21 は，パソコンの画面を「机の上」になぞらえた呼び名です。デスクトップには，**アイコン***22 という小さな絵を並べることができます。このアイコンをダブルクリックすると，アプリ（アプリケーションソフト）が起動します。

図 1.5　Windows のデスクトップ画面で「スタート」ボタン（左下隅）をクリックしてアプリの一覧を表示したところ。

よく使うソフトは，デスクトップ画面の最下部の**タスクバー**に登録（ピン留め）できます。タスクバーのアプリは，1 回クリックしただけで起動できます。

デスクトップやタスクバーに見つからないソフトは，タスクバーの「ここに入力して検索」と書いてある**検索ボックス***23 で検索します。マイクの形のボタンをクリックして，**Cortana**（コルタナ）というアシスタント*24 に話しかけることでも，いろいろな作業ができます。

また，左下隅の「スタート」ボタンをクリックすれば，アプリ（ソフト）の一覧が現れます。この一覧からもソフトを起動することができますし，ここからデスクトップ画面にドラッグ＆ドロップして，アプリのショートカットを作成することもできます。

▶アクションセンター

Windows のアクションセンターでは，OS やソフトからのいろいろなお知らせ（通知）を見たり，画面の明るさや，接続する Wi-Fi ネットワーク（無線 LAN）などを変更したりできます。アクションセンターを表示するには，タスクバーの右端にある吹き出しのマークをクリックします。

*21 desktop。机の上に据え置いて使うパソコンをデスクトップパソコンといいますが，ここで説明している画面のデスクトップとは無関係です。

*22 icon

*23 Windows でタスクバーに検索ボックスが見つからない場合は，タスクバーを右クリックし，「検索」または「Cortana」と書いてあるメニュー項目で，「検索ボックスを表示」をクリックします。

*24 iPhone の **Siri**（シリ）や Android の Google アシスタントに相当する音声ガイダンス機能です。

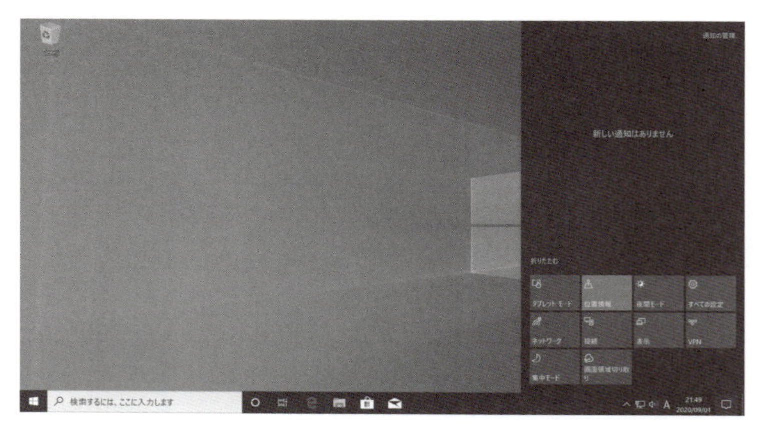

図 1.6　Windows のアクションセンター。

▶タブレットモード

パソコンがタッチパネルを搭載していれば，指やスタイラスペン（タッチペン）でパソコンを操作できます。特に，パソコンがキーボードを取り外せたり折りたためたりする機種（いわゆる 2-in-1（ツーインワン））の場合は，タブレットとしても使うことができます。

Windows には，スマホと同じように，画面へのタッチで操作しやすいように設計されたタブレットモードという機能があります。タブレットモードに切り替えるには，アクションセンターを表示させ，「タブレットモード」のボタンをクリックします*25。

*25 マウスやタッチパッドを用いて操作するモードは「デスクトップモード」と呼ばれています。タブレットモードからデスクトップモードに切り替えるには，やはりタスクバー右端の吹き出しボタンをタップしてアクションセンターを表示させ，「タブレットモード」のボタンをタップします。2-in-1 の機種によっては，キーボードを着脱したり折りたたんだりした際に，自動的にデスクトップモードとタブレットモードとが切り替わるものもあります。パソコンを使用する環境，目的，使っているソフトに応じて２つのモードを使い分けると便利でしょう。

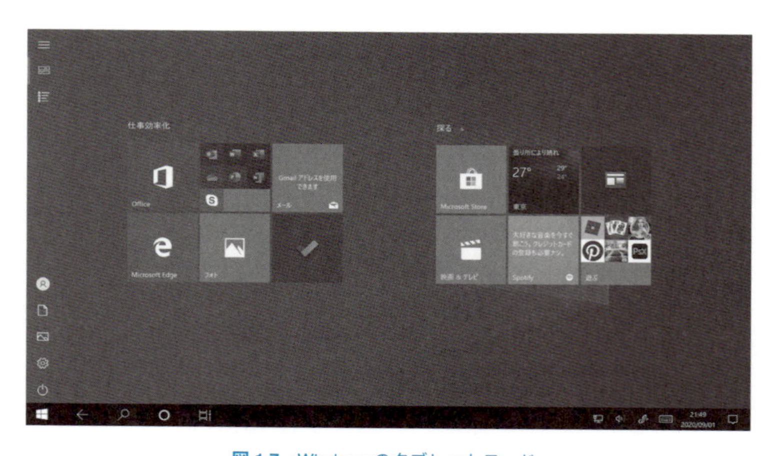

図 1.7　Windows のタブレットモード。

▶アプリの閉じ方

アプリを閉じるには，Windows では右上の［×］（閉じる）ボタンをクリックします。

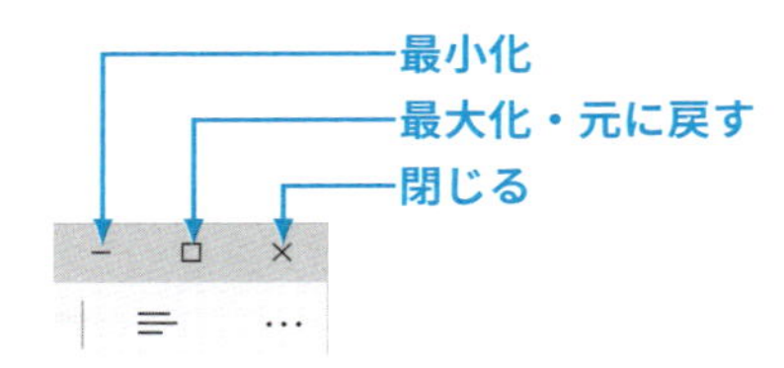

図 1.8 Windows の窓を操作する三つのボタン

タブレットモードの Windows では，アプリによっては「閉じる」ボタンが隠れている場合があります。そのようなアプリをタッチ操作で終了させるには，アプリを下に捨てる感覚で，画面上部から画面下部に向かってスワイプします。マウス操作の場合は，ポインタを画面上部に持っていけば，隠れていた「閉じる」ボタンが現れます。

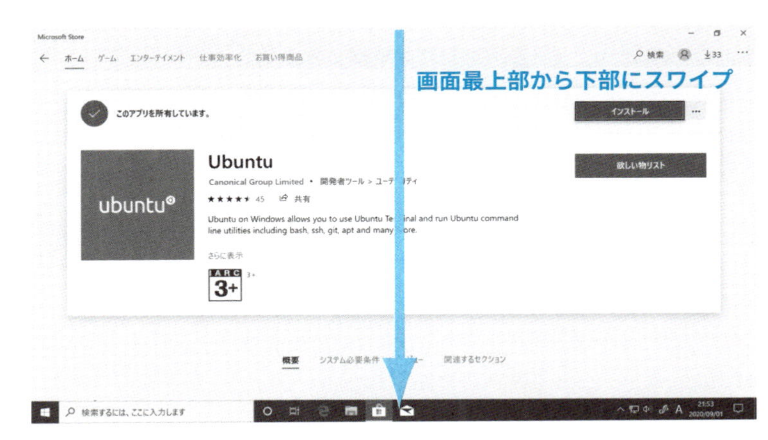

図 1.9 タブレットモードの Windows でタッチ操作によりアプリを終了するには，画面最上部をタッチし，画面下部に向かってスワイプする。

タブレットモードでアプリを閉じずに一つ前の画面に戻るには，画面左下の矢印（左向き）ボタンをタップします。

✎ Alt + F4 でもアプリを閉じることができます。

1.5 パソコンの終了のしかた

Windows の利用をやめるときは，電源スイッチを切るのではなく，状況に応じて次の方法でロックまたはスリープ，サインアウト，シャットダウンのいずれかを行います。パソコンが固まってしまってほかに方法がないとき以外は，電源スイッチを切ってはいけません。不意に切ってしまうことを避けるため，電源スイッチは長押し（何秒間か押すこと）しないと切れないようになっているのが普通です。

個人持ちのパソコン（特にノートパソコン）は，スマホと同じように，使わないときはシャットダウンするよりもロックしたりスリープさせておくことが多くなりました。

▶ロック，スリープ，サインアウト

個人のパソコンで，後で作業を再開する場合は，短時間ならコンピューターを**ロック**しておく（ロック画面か，パスワードが必要なスクリーンセーバーを出しておく），長時間なら**スリープ**させておくのが普通です。ノートパソコンでは，ディスプレイを閉じるだけでスリープします。スリープの解除は，ディスプレイを開くか，あるいは電源スイッチをポンと押します（電源スイッチを数秒間押し続けると電源が切れてしまいます）。

学校のパソコンを使い終わって，すぐ別の人が使う場合は，電源を切らずに，サインアウト（ログオフ）*26 するだけでかまいません。

*26 ログオフ（logoff）は古い Windows の用語で，今はサインアウト（sign out）といいます。Windows以外ではログアウト（logout）といいます。

▶シャットダウン

個人のパソコンでしばらく使わない場合や，学校のパソコンを使い終わってすぐに別の人が使わない場合はシャットダウンしておきましょう。Windows の場合は［スタート］ボタン→電源スイッチの記号のボタン→「シャットダウン」を行います。それ以外に，スタートボタンを右クリックして，「シャットダウンまたはサインアウト」→「シャットダウン」を選ぶことでもシャットダウンできます。

▶「コンピューターの電源を切らないでください」

Windows をシャットダウンしようとすると，「更新プログラムを構成しています　コンピューターの電源を切らないでください」と表示されることがあります。これは Windows Update の更新が行われているというメッセージです。電源を切らず*27，そのまま放置してください。更新が終われば自動的に電源が切れます。

*27 ノートパソコンなら，バッテリーが途中で切れないように AC 電源に接続し，ディスプレイも閉じないほうが安全です。

1.6 Macの基本操作

Mac の操作も Windows とほとんど同じです。電源を入れると，ログイン画面が出ます。ユーザ名・パスワードを入れると*28，デスクトップ画面が現れます。

*28 Touch ID（指紋認証）や Apple Watch でもロック解除できるものがあります。

図 1.10　macOS の画面（例）。シャットダウンなどのメニューは左上の林檎マークをクリック。主要なアプリを起動するアイコンは，画面の下（設定によっては左か右）の Dock にある。設定によっては，Dock は最初隠れていて，マウスを近づけると現れる。Dock にないアプリは，Dock の左端の Finder（顔のアイコン）をクリックして現れる窓の中の「アプリケーション」（Applications）をクリックし，その中にあるアイコンをダブルクリックして起動する。「ターミナル」などの一部のアプリは，「アプリケーション」の中の「ユーティリティ」（Utilities）フォルダにある。

窓ごとの「閉じる」などの三つボタンは，Windows とは逆の位置にあります*29。

*29 3番目のボタンはアプリを全画面表示（フルスクリーンモード）に切り替えるボタンです（元に戻るには esc）。単純にウインドウを最大化・元に戻したい時は option を押しながらクリックします。

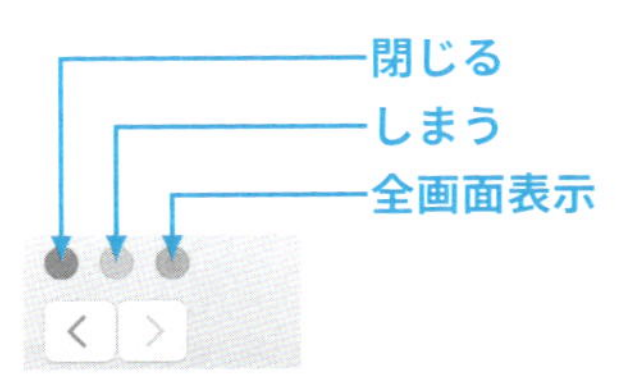

図 1.11　Mac では，窓を操作する三つのボタンは，窓の左上にある。

Mac を終了するには，左上の林檎（）マークをクリックし，メニューの「システム終了」をクリックします。

同じメニューから「スリープ」を選ぶこともできます。ノートパソコンではディスプレイを閉じればスリープ状態になります。

1.7 マウス・タッチパッドの使い方

パソコンの特徴の一つが，マウスやタッチパッドで操作できることです*30。

マウスは左ボタンを1回クリックするのが基本です。

デスクトップなどのアイコンからアプリを起動するときは，左ボタンを2回クリック（**ダブルクリック**）します*31。このとき，2回のクリックの間にマウスの位置が移動すると，単なるクリック（シングルクリック）を2回したことになってしまい，アプリが起動せず，代わりにアイコンが移動して驚くことがあります*32。

右クリック（右ボタンを1回クリック）すると，クリックした場所に応じたメニューが現れます。このメニューを**ショートカットメニュー**（shortcut menu）または**コンテキストメニュー**（context menu）といいます。Macでは右クリックのほかに control キーを押しながらクリックしてもコンテキストメニューが出ます*33。Windowsパソコンにはショートカットメニューを表示する ▤ キーが付いているものがあります。

アイコンを押さえながら移動することを**ドラッグ&ドロップ**（drag and drop）といいます。ファイルをコピー・移動するときや，ファイルを特定のアプリケーションで開くときに使います。Windowsでは，右ボタンでドラッグ&ドロップすると，ドラッグ&ドロップについてのコンテキストメニューが現れます。

ノートパソコンに付いている**タッチパッド**（touchpad）は，マウスの代用となるものです。2本指を動かすと縦横スクロールできる*34など，いろいろな機能を持っています*35。

マウスやタッチパッド，タッチパネルを複数の指や特定の動きで操作することを**ジェスチャ**（gesture）と呼びます。

Windowsのタッチパッドでは，パッドをタップする（叩く）とマウスのクリックになるものが多いようです。このとき，タッチパッドの感度が高いと，マウスポインタを動かすつもりが，あちこちをクリックしてしまいます。慣れていない人は，タップやドラッグ&ドロップを使わない設定にするとよいかもしれません。

Macではタッチパッドを**トラックパッド**（trackpad）と呼びます。2本指でタップすると右クリック（コンテキストメニュー表示）になります。

マウスやトラックパッドの設定は，Windowsなら「スタート」ボタン→設定（歯車のマーク）→デバイス，Macなら →システム環境設定で変えられます。

*30 指でのタッチ操作では，細かい操作がどうしても難しい場合があります。マウスやタッチパッドはより正確さが要求される操作に向いています。

*31 1回クリックしただけで起動できるように設定されている場合もあります。

*32 ダブルクリックはお年寄りには難しい操作ですので，右クリックして「開く」を選ぶことを教えてあげましょう。

*33 ボタンがタッチセンサーになっていて一見存在しないように見えるものもありますが，左側をクリックすると左クリック，右側をクリックすると右クリックになります。

*34 複数の指でタッチ操作することをマルチタッチといいます。スマホやタブレットと同様の操作で画像の拡大縮小やアプリの切り替えなどを行うことができます。

*35 静電容量の変化で指の位置を調べます。圧力センサーではないので，押す必要はありません。

1.8 困ったときには

パソコンについての疑問の多くは「ヘルプ」という機能で解決できます。

Windowsでは，タスクバーの検索ボックスに質問を打ち込むか，Cortana（コルタナ）に話しかけます。個々のアプリについても，たいていのアプリのメニューには「ヘルプ」があります。

Macについても同様です。Mac全般についてはFinderのメニューバーの「ヘルプ」，個々のアプリについては，そのアプリのメニューバーの「ヘルプ」を調べます。

「ヘルプ」で見つからない場合は，Google などで検索しましょう。特に，エラーが起こったときは，エラーメッセージをそのまま Google の検索欄に打ち込んで，根気よく調べます。その際に，エラーメッセージを一言一句そのまま打ち込みましょう[*36]。

人間に尋ねる場合も同じです。「Word を使っていたら変なエラーが出て保存できなくなりました。どうしたらいいでしょうか」といった質問を受けることがありますが，解決の糸口となる「変なエラー」の内容があいまいでは，お手上げです。パソコンのトラブルに限らず，コミュニケーション力が大切です。複雑なエラーメッセージは，スクリーンショット（☞ 第 4 章）か，スマホのカメラで撮っておくといいでしょう。

*36 可能なら，エラーメッセージをコピー＆ペーストしましょう。

1.9 パソコンやソフトの買い方

パソコンは商品寿命が短いので，高価なものを末永く使おうと考えず，その時点で必要な機能を備えたものを選ぶほうが得策です。例えば機械学習の計算用には NVIDIA の GPU 入りのマシンが推奨ですが，最初に買うパソコンとしては荷が重すぎます。

まずは用途によって，デスクトップ型（据え置き型）かノートパソコンか，Windows か Mac か（あるいはそれ以外か）を決めましょう[*37]。今は HDD（ハードディスク）より SSD（半導体ドライブ）の時代です[*38]。メモリ 8 GB（ギガバイト），SSD 256 GB が最低限でしょうか。

ソフトてんこ盛り・サポート万全のパソコンは高価です。ベーシックな機種をネット通販などで買えば，安く買えます。その代わり，サポートは期待できません。

大学で購入・持参を義務付けているところも増えています。自分持ちのパソコンやタブレットを授業や職場で使うことは BYOD（Bring Your Own Device）と呼ばれています。

ソフトはネットからダウンロードして入手することが多くなっています。スマホの App Store（iOS）や Google Play（Android）と同様に，パソコン用 OS にもソフトをダウンロードするためのストアが用意されています（Microsoft Store，Mac App Store）[*39]。パソコン用のソフトは家電量販店などでパッケージ版を入手することもできます。ソフトが高価だからといって，友だちから借りてインストールしたりすると，ライセンス違反や著作権侵害になります。

学校でライセンス契約しているソフトは，自宅で使える場合もあります。マイクロソフトと包括契約する大学も増えました。マイクロソフトには学生向けに学習用のソフト等を提供するサービスもあります[*40]。

学生など学校関係者は，安いアカデミック価格で購入できるものがあります。

*37 Intel 版 Mac は Boot Camp（ブートキャンプ）という機能を使って Windows も入れることができます（別途 Windows を買う必要があります）。また，仮想化ソフトを使えば，複数の OS を同時に実行することもできます。Windows は WSL という機能を使って Linux を実行することもできます。

*38 SSD はハードディスクに比べて，読み書きの速度や振動・衝撃への耐久性が優れています。Windows 10 Pro 以上か Mac ならハードディスク・SSD 全体を暗号化できます。個人情報を入れて持ち歩く場合は，暗号化が必須です。

*39 OS の種類や設定によっては，セキュリティを高めるためにアプリストア以外で入手したソフトの利用を制限している場合があります。Windows 10 の S モード（機能制限モード）ではソフトのインストールは必ずアプリストアで行う必要があります。

*40 2020 年 9 月時点での名前は Microsoft Azure Dev Tools for Teaching

1.10 アカウントの作成と設定

パソコンを買ったら，いろいろなアカウントの作成や設定（持っているアカウント情報の入力）が必要です。私物のパソコンであれば，まずOSにサインイン（ログイン）するアカウントを作成・設定します。それから必要に応じて，個人のネットサービスのアカウントの作成・設定や，組織からもらったアカウントの設定をします。

具体的な手順はパソコンの機種やOSの種類・バージョンによって異なるので，ここでは一般的な流れと要点を述べます。詳細は，パソコンや各種サービスのマニュアルやアプリのヘルプ，Web検索で得られる情報を参照してください。

▶OSにサインイン（ログイン）するアカウント

私物のパソコンの場合，OSにサインイン（ログイン）するアカウントは利用者が自分で作成します。初めてパソコンを起動して画面上の案内に従って進むと，アカウントを作成および設定する画面が現れます*41。

Windowsの場合，まず，サインインにMicrosoftアカウントを使うか，ローカルアカウント（別名オフラインアカウント）を使うかを選びます*42。Microsoft社はMicrosoftアカウントを使うことを推奨していますが，後で変更することもできます。

*41 Windowsの場合，パソコンを個人用に設定するか，組織用に設定するか聞かれることがあります。ここでは私物のパソコンを個人用に設定する例をみていきます。

*42 Microsoftアカウントでサインインすると Microsoft社のサービスが使いやすくなるように設計されています。一方でローカルアカウントは，昔のWindowsのアカウントと同様に，このパソコンでのみ使うアカウントです。

図1.12　Windowsを初めて起動し，画面の指示どおり進めていると，Windowsにサインインするアカウントを作成・設定する画面が現れる。Microsoftアカウントを使う場合は，すでに作成済みのアカウントの情報を入力して設定するか，「アカウントの作成」から新規作成する。ローカルアカウントを使う場合は，パソコンをインターネットに接続せずにセットアップを進めると，ユーザー名とパスワードを決めてアカウントを作成する画面が出てくる。その際，ユーザー名にスペースや全角文字が含まれているとアプリによっては不具合が起きるので，スペース以外の半角文字だけを使うのが無難。

すでに作成済みの Microsoft アカウント[*43] を使う場合は，画面の指示に従って，そのアカウントの情報（アカウント名やパスワードなど）を入力します。

Microsoft アカウントを持っていないか，すでに持っているものとは別に作りたい場合は，「アカウントの作成」を選びます。これにはメールアドレスが必要です。すでに持っているアドレス（Gmail など）を使うか，新しくアドレス（Microsoft が提供する outlook.jp のアドレス）を作るかを選べます。

Microsoft アカウント作成の途中で，すでに持っているメールアドレスや電話番号を入力するように求められることがあります[*44]。アドレスや電話番号を入力するときは，アカウント利用に必要な情報がメールまたはショートメッセージサービス（SMS）で送られてくるので，確実に受信できるものを入力しましょう。

アカウントのパスワードを決める際は，十分複雑でほかの人に推測されにくいものにしましょう（☞ 155 ページ）。Microsoft アカウントのパスワードは，ほかのパソコンやスマホなどで Microsoft アカウントを使うときにも必要です。

Windows へのサインインに Microsoft アカウントを使う場合，PIN を作成するように案内されます。PIN はこのパソコンのみで使える暗証番号です。パスワードと同様に，PIN もほかの人に推測されにくいものにするとともに，複数の Windows パソコンに PIN を作成する場合は，パソコンごとに異なる番号にしておいたほうが安心です。

*43 Skype や Microsoft 提供のメール（hotmail.co.jp，live.jp，outlook.jp のアドレス）を使っている場合は，Microsoft アカウントをすでに作成済みです。

*44 こうした情報を Microsoft に送信することがためらわれるなら，Microsoft アカウントを作成せずローカルアカウントで Windows にサインインすることもできます。

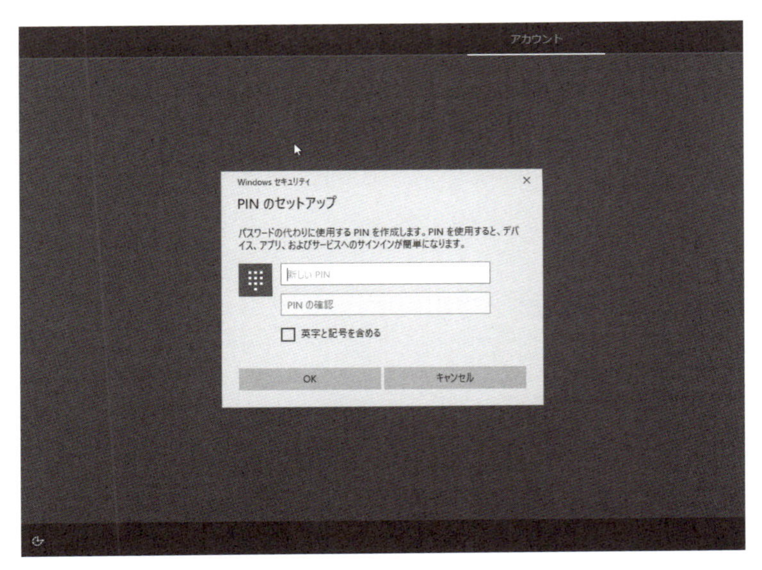

図 1.13　Microsoft アカウントで Windows にサインインするための PIN（このパソコン固有の暗証番号）を作成しているところ。

macOS の場合は，初回起動時の案内の途中で出てくる「コンピュータアカウントを作成」という画面で，OS にログインするためのアカウントを作成します。作成したアカウントはこの macOS でのみ使えます。パスワードを決める際は，やはり十分複雑で推測されにくいものにしましょう。

図 1.14　macOS の初回起動時に，macOS にログインするための「コンピュータアカウント」を作成しているところ。

▶個人で使うネットサービスのアカウント

OS にサインイン（ログイン）するためのアカウントの作成・設定が終わったら，普段個人で使っているメールなど，各種のネットサービスのアカウントを設定します。

一人で複数の機器（パソコンとスマホなど）を使うことが多くなっています。スマホで普段使っているクラウドサービス（iCloud や Google の各種サービス）はパソコンからも使うことができます。例えばこれまで iPhone で iCloud を使っていて，新しく Windows パソコンを買った場合は，パソコンに iCloud アプリをインストールして iPhone と同じ Apple ID でログインすると，写真やカレンダーなどのデータを iPhone と自動的に同期できます*45。ほかにも，いろいろなクラウドサービスを介してパソコンとスマホなどを連携すると，それぞれの機器の特徴を組み合わせて活用できます（☞ 40 ページ）。

▶組織からもらったアカウント

必要に応じて，組織からもらったアカウント（学校のメールアカウントなど）も設定しましょう。組織はいろいろなサービス（ownCloud のようなプライベートクラウドなど）を提供していたり，Microsoft 365 や Google Workspace（旧 G Suite）などのサービスを契約していることがあるので、利用できるサービスを調べて活用しましょう*46。

*45　Apple ID は，iCloud や App Store，Apple Music などのサービスを利用するためのアカウントであり，複数の機器で使えます。Mac を初めて起動すると，画面の案内の途中で Apple ID を作成・設定することを勧められます（作成には，生年月日などの入力を求められます）。Apple ID を設定しなくても Mac を使うことはできます。

*46　例えば同じ OneDrive（Microsoft のクラウドストレージ）でも，個人の Microsoft アカウントのものと組織の Microsoft 365 アカウントのものとが両方利用可能であれば，目的に応じて使い分けることができます（☞ 52 ページ）。

2 文字入力

ENTERING TEXT

コンピューターで文字入力して，保存してみましょう。

目的は，キー操作に慣れることですが，文字コードについても説明します。

今から作るのは**テキストファイル**[*1] です。テキストファイルはコンピューターで最も基本的な文書ファイル形式です。どのコンピューターもテキストファイルを扱うことができます。

テキストファイルを作るソフトを**テキストエディター**[*2] といいます。

*1 text file

*2 text editor

2.1 Windows の「メモ帳」

Windows には**メモ帳**というテキストエディターが付属しています。まずこれを使ってみましょう。

起動は，Windows 10 では画面下の「ここに入力して検索」に「メモ帳」（あるいは「めも」）と入力して探すのが早いでしょう。

起動したら，メニューの［書式］で［右端で折り返す］にチェックを付けておきましょう。

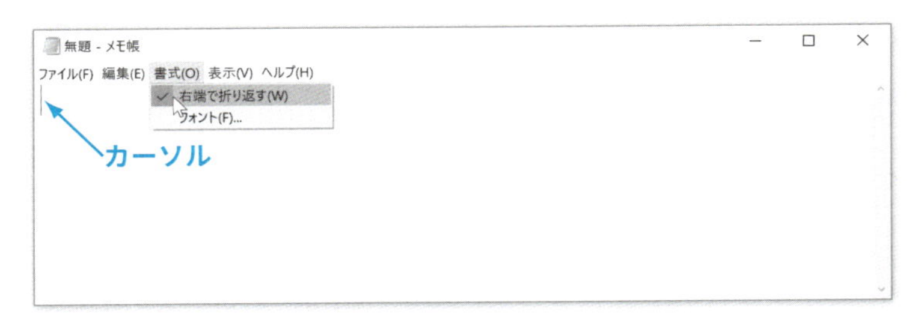

図 2.1　メモ帳を起動し，［書式］→［右端で折り返す］にチェックが付いていなければクリックしてチェックを付ける。点滅している縦棒がカーソル（cursor）。ここにキーボードから打ち込む文字が入る。カーソルの位置はマウスでも方向キー（→ ← ↑ ↓）でも動かせる。BackSpace はカーソルの左の文字を消す。Del はカーソルの右の文字を消す。

フォントも自分好みの書体・サイズに変えてみましょう。テキストファイルはフォント情報を保存しませんので，フォントを変えても，テキストエディターで保存したファイルの内容は変わりません。

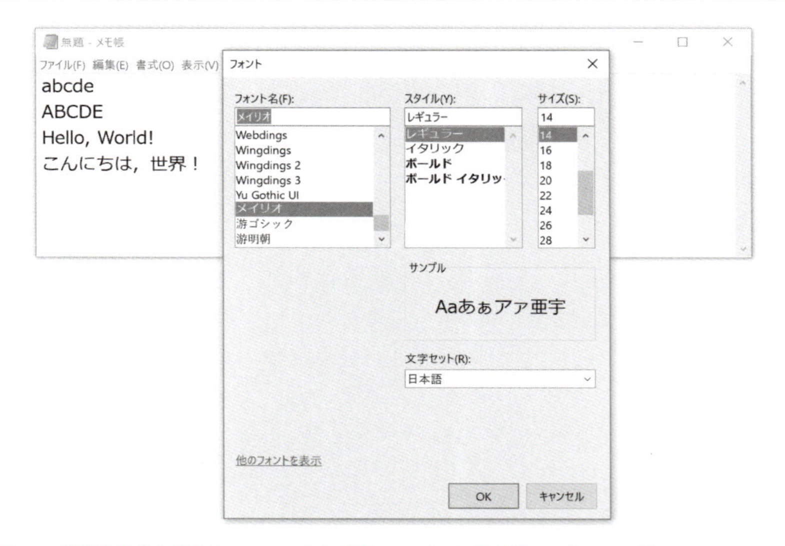

図 2.2　適当な文字を入力してみる。文字が見にくければ，［書式］→［フォント］で好きなフォント名・サイズを選ぶ。

いろいろ入力してみましょう。キー入力に慣れていなくてもかまいません。あとで練習しましょう。

✎ 大文字は Shift を押しながら打ちます。日本語（全角）と英数字（半角）は 半角/全角 キーで切り替えます。

▶保存

保存は［ファイル］→［名前を付けて保存］です。「保存する場所」は「ドキュメント」（Documents）が標準の場所です（☞ 50 ページ以降）が，必要に応じて変更します。

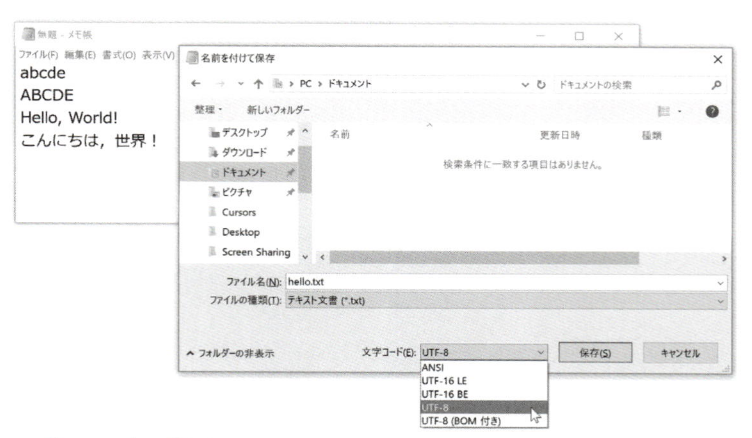

図 2.3　［ファイル］→［名前を付けて保存］。場所（この例では「ドキュメント」）を確認し，ファイル名を入力し，文字コードを選び，［保存］ボタンを押す。ファイル名には自動的に .txt が付くが，ここでは念のため .txt も含めて入力した。

一度［ファイル］→［名前を付けて保存］したら，次回からは［ファイル］→［上書き保存］または Ctrl + S （Ctrl キーを押しながら S キーを叩く）で上書き保存になります[*3]。

[*3] Sはsave（保存）の頭文字です。初回の保存は［上書き保存］や Ctrl + S でも［名前を付けて保存］になります。

▶ファイルの種類

通常は「テキスト文書（*.txt）」を選びます。この状態で保存すると，ファイル名の最後に .txt が付いていない場合は，自動的に .txt が補われます。この txt の部分をファイル名の**拡張子**（かくちょうし）といいます。拡張子を txt にしたくない場合は「すべてのファイル」を選びます。

▶文字コード

保存の際には「文字コード」に注意しましょう。

- **ANSI**（アンシー）[*4] と書いてあるものは，実際は **シフト JIS**（ジス）（Shift JIS）という文字コードです。より厳密にいうと，シフト JIS をマイクロソフトが拡張した Microsoft コードページ 932（CP932，Windows-31J）という文字コードです。この文字コードは長い間 Windows で使われていましたが，標準的なシフト JIS にない文字（いわゆる機種依存文字）を含むため，Windows 以外で見ると文字化け・文字抜けすることがあります。
- **UTF-8**（ユーティーエフ8）は，**Unicode**（ユニコード）と呼ばれる文字コードの保存形式の一つです。シフト JIS よりたくさんの文字を表すことができ，機種（OS）が変わっても文字化けすることがほとんどないので，広く使われています。「メモ帳」ではこれがデフォルトです。
- UTF-8（**BOM**（ボム）付き）は，UTF-8 のファイルの先頭に BOM（Byte Order Mark）と呼ばれる 3 バイト（16 進 EF BB BF）[*5] を付けたものです。古いバージョンの「メモ帳」では，「UTF-8」と書いてあるほうが「UTF-8（BOM 付き）」でした。アプリによっては BOM で文字コードを判定しているものがあり，BOM 付きのほうが文字化けが少ないのですが，Windows 以外では BOM がトラブルを引き起こすことがあります[*6]。

[*4] American National Standards Institute（米国規格協会）は日本の日本規格協会（JSA）に相当する標準化組織。

[*5] バイトや16進表記については第10章で勉強します。

[*6] UNIX 系 OS のスクリプトや設定ファイルを作るときなど。

昔はシフト JIS しか使えないソフトが多くありましたが，今はほぼなくなりました。普段は UTF-8 を使いましょう。

✎ Windows の古いバージョンの「メモ帳」には Unicode（ユニコード）と Unicode big endian（ユニコードビッグエンディアン）がありましたが，それぞれ UTF-16 LE（リトルエンディアン），UTF-16 BE（ビッグエンディアン）に改称されました。これらを使う機会はあまりないでしょう。

✎ Enter を押したときに入力される行末にも，何通りかの流儀があります。Windows の「メモ帳」では，行末は CR LF（16 進 0D 0A）です。Mac や UNIX 系のテキストファイルの多くは行末が LF（16 進 0A）ですが，これを古いバージョンの「メモ帳」で開くと，行がつながって表示されます。

Windows しか使わない場合は，19 ページの第 2.4 節に飛んでください。

2.2 Macのテキストエディット

テキストエディットはMac標準のテキストエディターです。標準テキスト（プレーンテキスト）のほか，リッチテキスト（Word，RTF，HTML形式）も編集できます。

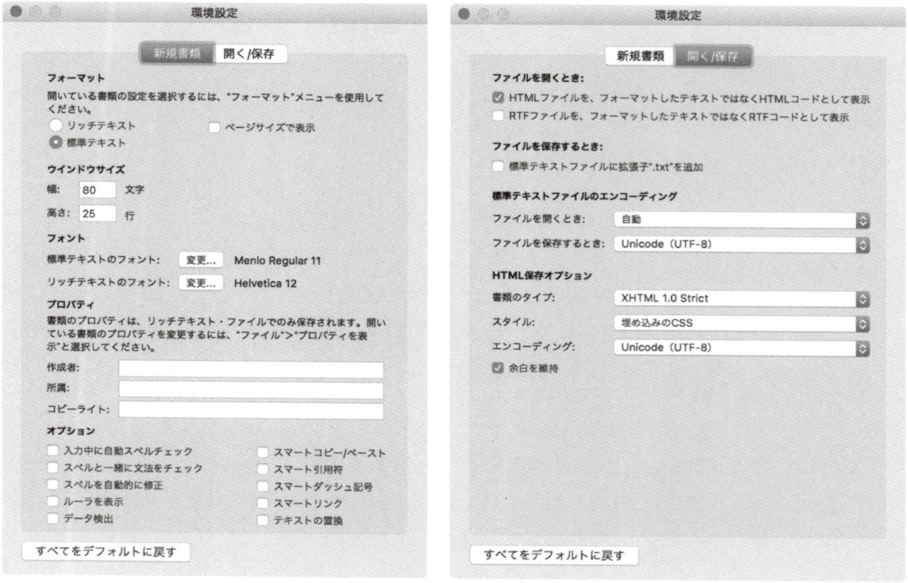

図2.4　Macのテキストエディットの環境設定で「標準テキスト」（プレーンテキスト），Unicode（UTF-8）を選んだところ。エンコーディング（文字コード）は「自動」では失敗することがあるので，具体的な文字コードが決まっていればそれを設定するのが確実。

▶文字コード

「Unicode（UTF-8）」を選べばBOMなしのUTF-8になります。これ以外に，「日本語（Shift JIS）」などが選べます*7。

*7 行末はLF（16進 0A）になります。

▶日本語入力

MacのJISキーボードでは次のようにします。

- スペースバーの右にある かな キーを打つと日本語入力（かな）になります。画面上部のメニューバーに あ が表示されます。
- shift キーを押しながら かな キーを打つと日本語入力（カナ）になります。画面上部のメニューバーに ア が表示されます。
- スペースバーの左にある 英数 キーを打つと標準の英数字入力に戻ります。

2.3 より高機能のテキストエディター

本格的に使うには，Windowsの「メモ帳」などでは力不足です。昔から愛用されているテキストエディターとして，**vi**（ヴィーアイ）を改良した**Vim**（ヴィム），それに**Emacs**（イーマックス）が有名です。

より新しい高機能テキストエディターとして，Microsoftが無償で提供するVisual Studio Code（ビジュアル スタジオ コード），略して**VS Code**（ブイエス コード）が人気です。

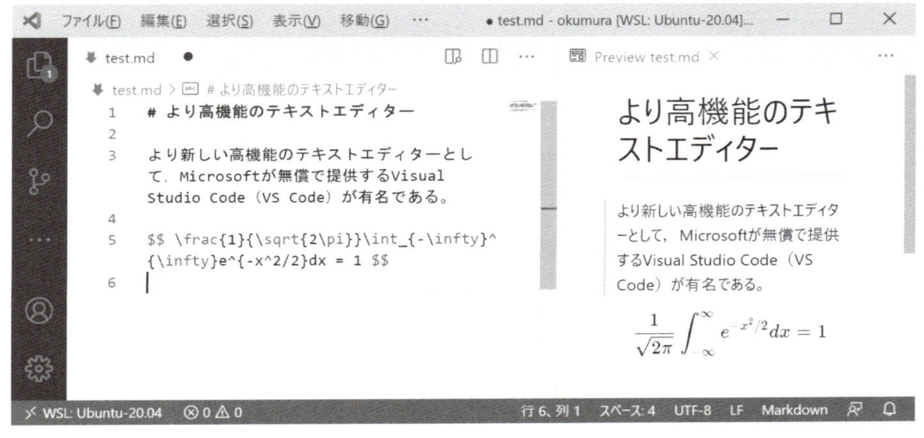

図 2.5　VS Codeを立ち上げて適当な文章を入力したところ。Windows版，Mac版，Linux版がある。いろいろな拡張機能が用意されており，文書作成やプログラム作成に便利。デフォルトは暗い画面（ダークテーマ）だが，ここでは印刷インクを節約するために明るいテーマを選んだ。

Vim，Emacs，VS Codeはいずれも**オープンソース**のソフトです。オープンソース（open source）とは，ソフトウェアのソースコード（人間が読める形のプログラム）が公開されていることです。事実上無料[*8]で入手でき，利用者が独自に改良することも可能です。開発元が開発・提供をやめても，オープンソースであれば，ほかの人が代わって開発・提供を続けることができるので，安心です。

*8 現在のようにネットが普及する以前は，オープンソースソフトでも手数料を取って配布していたことがありました。なお，無料のソフトが必ずしもオープンソースとは限りません。

2.4 タッチタイピング

テキストエディター，またはタイピング練習ソフトを使って，タイピングの練習をしましょう。

タッチタイピングとは，キーボードを見ないでタイプすることです[*9]。タッチタイピングをすると，速く正確に打てるだけでなく，目がキーボードとディスプレイの間を往復しないので，目の疲れが劇的に減ります。

*9 日本ではブラインドタッチと呼ばれたこともあります。タッチとかブラインドといった形容詞を付けなくても，タイピングの練習といえばキーボードを見ないで打つ練習のことです。

✎ 以下では日本語入力を切っておいてください。

まず，肩をリラックスさせて，腕を開かずに体に沿って垂れ下がらせます。指をやや丸く曲げて*10，左手の小指を A，薬指を S，中指を D，人差し指を F の上に軽く起きます。右手は，人差し指を J，中指を K，薬指を L，小指を ;*11 の上に軽く置きます。これらの指の位置を**ホームポジション**といいます。また，どちらかの親指を，スペースバー Space の上に軽く置きます。

タッチタイピングでは，必要な指だけ動かして打ち，打ち終わったらホームポジションに戻します。その際に，絶対にキーボードを見てはいけません*12。ホームポジションが見つけやすいように，キーボードには人差し指のホームポジションにあたる F と J の上に出っ張りがあります。

*10 手首の下にタオルを置いて，手首の高さを調節すると，楽に打てるようになることがあります。スマホのフリック入力もそうですが，リラックスしない指づかいで長く作業すると，腱鞘炎になることがあります。特に親指を酷使しないように注意し，疲れたら休みましょう。

*11 「;」はセミコロン（semicolon）という記号で，コンマ（,）とピリオド（.）の中間にあたる句読点の一種です。

*12 練習用に無刻印のキーボードを使ったり，ハンカチをかぶせたりすることがあります。

図 2.6　Windows 用 JIS キーボードの配列とホームポジション。実際にはスペースバーに刻印はない。左右の ⊞ は「Windows ロゴキー」（Windows キー）といい，［スタート］メニューを表示する。右にある ▤ は「メニューキー」と呼ばれ，マウスの右クリックと同じで，ショートカットメニュー（コンテキストメニュー）を表示する。これらのキーがないキーボードもある。

図 2.7　Mac の小型 JIS キーボードの配列とホームポジション。実際にはスペースバーに刻印はない。⌘ はコマンドキーといい，ほかのキーと組み合わせていろいろな機能が呼び出せる。大形のキーボードでは，右下の fn と方向キーの場所に option と control がある。

タッチタイピングでは，指ごとの分担が決まっています。

図 2.8　各指の分担。

A のキーは左手の小指です。全部の指がホームポジションに軽く触れた状態のまま，左手の小指を使って A を打ちます。

Q や Z のキーも左手の小指ですが，ホームポジションから小指をずらさなければなりません。そのときほかの指ができるだけホームポジションから離れないようにします。少なくとも人差し指が F を離れないようにすれば，打った後ですぐに全部の指をホームポジションに戻せます。

B のキーは左手の人差し指です。少なくとも小指が A を離れないようにすれば，打った後ですぐに全部の指をホームポジションに戻せます。

手前中央の長いキーがスペースバー（スペースキー）です。刻印はありませんが，本書では Space と書いています。日本語入力では「変換」に使うキーです。これは左右どちらかの親指で打ちます。

2.5 各キーの働き

以下に各キーの働きをまとめておきます。

▶Shift（シフト）

上のキーボードの図は各キーを大文字 ABCDE... で示しましたが，実際にキーを押して入力されるのは小文字 abcde... です。大文字を入れるには，Shift キーを押しながらキーを打ちます。例えば大文字の A は Shift + A です。Shift キーは二つあり，働きはどちらも同じですが，A は左手で打つので Shift キーは右手で押すという具合に，逆の手で押すのが普通です。キーの上段に刻印してある記号も Shift を押しながら打ちます。

▶Caps Lock（キャップスロック）

大文字を続けて何文字も打つときは，Shift + Caps Lock で大文字モードにします[*13]。もう一度 Shift + Caps Lock で元に戻ります。

▶Ctrl（Control，コントロール）

Windows ではおもに次の機能を呼び出すために使います[*14]：

*13 Mac では shift なしの caps lock でも同じです。

*14 コントロールキーは，元々は Ctrl + @ で文字コード値 0 の文字，Ctrl + A で文字コード値 1 の文字，Ctrl + B で文字コード値 2 の文字，……という具合にコード値の小さい文字を入力するためのものでした。

- Ctrl + X ……切り取り（カット）
- Ctrl + C ……コピー
- Ctrl + V ……貼り付け（ペースト）

✎ Mac のカット・コピー・ペーストは Ctrl ではなく ⌘（コマンドキー）を使います。

✎ UNIX 系の OS（Linux や macOS など）では，Enter = Ctrl + M，BackSpace = Ctrl + H などの入力法が広く使われています。Ctrl は左小指で押しやすいように A のすぐ左にあるのが普通でした。これに慣れた人は，Windows でも Ctrl と Caps Lock を置き換えるか，両方 Ctrl にして使うことがあります。そのための設定を簡単にするためのフリーソフトがいくつか出回っています。

▶半角/全角

日本語版 Windows 独自のキーで，半角（欧文）入力と全角（日本語）入力を切り替えます[*15]。

*15 昔は単独ではなく Alt + 半角/全角 のように打つ必要がありました。古い Windows では，コマンドプロンプトの中ではこのようにしないと切り替わらないものがあります。

▶Alt（オルト・アルト）

Alt は「代替の」という意味の英語 alternative または alternate を縮めた語です。Windows ではおもに次のような機能を呼び出すために使います[*16]：

- Alt + Tab ……ウィンドウの切換え（Mac では ⌘ + tab）
- Alt + PrintScreen ……アクティブなウィンドウのキャプチャ画像をコピー
- Ctrl + Alt + Delete ……Windows のタスクマネージャを呼び出す（昔の Windows では再起動）

*16 Alt キーは元々はコンピューターに送られるコード値に128を加えるという意味でした。

▶Enter

Enter（エンター）は「入る」「入力する」という意味の英語です。Enter キーを押すと，入力位置が次の行の頭に移動します。Mac では return と刻印されています。曲がった矢印 ⏎ で表すこともあります。

▶BackSpace

バックスペースキーは，カーソルのすぐ左の文字を消して，カーソルを左に一つ移動するキーです。Mac では delete キーがこれに当たります。

▶Delete

デリート（削除）キーは，カーソルのすぐ右の文字を消すキーです。カーソル位置は移動しません。Mac では delete⌦ キーまたは fn + delete がこれに当たります。

▶Tab（タブ）

入力位置を次のタブ位置に移動します。テキストエディターでは通常半角 8 文字ごとにタブが設定されています。例えばある行で半角文字を 10 個打ち込んだところで Tab を打つと，入力位置が 16 文字のところまで飛びます。

▶Esc（エスケープ）

英語で Escape は「逃げる」という意味です。操作をキャンセルするためのキーですが，具体的な働きは場面によって違います。

▶ファンクションキー

[F1] [F2] [F3] …… といったキーで，いろいろな機能を呼び出すためのものです[*17]。次の [Fn] キーを押しながら [F1] などを押す機種もあります。

*17 Touch Bar が付いている Mac の機種では，次の [fn] キーを押すと Touch Bar 上にファンクションキーが表示されます。

▶Fn（エフエヌ）

[Fn][*18] キーを押しながらほかのキーを押すと，別の色で（または小さい文字で）刻印されている機能を呼び出します。

*18 Mac では [fn]

2.6 日本語の入力法

日本語入力のためのソフトは，Windows では Microsoft IME（MS IME とも呼ばれる）[*19]，Mac でも標準の日本語 IM が入っていますが，ジャストシステムの ATOK や，最近では「Google 日本語入力」もよく使われます。Linux では Mozc，libkkc など，いろいろなものが使われています。

*19 IME は Input Method Editor の略で，Windows で日本語などの文字入力を支援する仕組みの一般名です。ATOK も IME の一種です。Mac では同様な仕組みを IM（Input Method）と呼びます。

右クリックで IME のオプションを表示します。
14:00
2017/07/26
ひらがな(H)
全角カタカナ(K)
全角英数(W)
半角カタカナ(N)
半角英数(F)
IME パッド(P)
単語の登録(O)
ユーザー辞書ツール(T)
追加辞書サービス(Y)
検索機能(S)
誤変換レポート(V)
プロパティ(R)
ローマ字入力 / かな入力(M)
ローマ字入力(R)
かな入力(T)
変換モード(C)
プライベートモード(E) (オフ) Ctrl + Shift + F10
問題のトラブルシューティング(B)
2017/07/26

図 2.9 （左）MS IME の状態を表示する「あ」。（右）「あ」を右クリックしたメニュー。ローマ字入力になっている（かな入力が無効になっている）ことを確認。通常は [半角/全角] キーで「あ」「A」を往復すればよい。

Windows には [半角/全角] キーがあり，これで日本語モードと半角英数字モードを切り替えます[*20]。Windows のテキストエディターで，例えば MS ゴシックを使うように設定してあれば，全角モードでは正方形の文字，半角モードでは半分の幅にデザインされた文字が入力されます。使い分けの原則は

日本語は全角，英数字は半角

*20 古い Windows では [Alt] + [半角/全角] です。ソフトによっては今でもこのようにしないと切り替わらない場合があります。[半角/全角] キーのないキーボードでは [Alt] + [`] とします。

です*21。全角と半角は，見栄えが全然違うだけでなく，コンピュータにとってまったく違った文字なので，機械処理する場合は指定通りに入力しなければなりません。全角空白1個と半角空白2個は同じに見えるかもしれませんが，半角空白しか受け付けないところに全角空白を入れるとエラーになります。

*21 ワープロ検定では英数字もすべて全角で入力しなければならないかもしれませんが，これはワープロ専用機のころのルールです。パソコンでは真似しないようにしましょう。なお，パソコンのワープロソフトでは半角文字を入力すると欧文のプロポーショナル文字で表示されるようになっているはずです。

2.7 ローマ字入力の練習

パソコンでは日本語をローマ字入力して変換するのが普通です。ローマ字については次の節で詳しく説明します。

▶こんにちは、コンピューター。

まず「こんにちは、」と入力してみましょう。

k	k	
ko	こ	
kon	こn	
konn	こん	
konnn	こんn	
konnni	こんに	
konnnit	こんにt	
konnniti	こんにち	
konnnitih	こんにちh	
konnnitiha	こんにちは	
konnnitiha,	こんにちは、	
konnnitiha, Enter	こんにちは、	← Enter で確定

次に「コンピューター」と入力してみましょう。

ko	こ	
konn	こん	
konnpyu	こんぴゅ	
konnpyu-	こんぴゅー	
konnpyu-ta	こんぴゅーた	
konnpyu-ta-	こんぴゅーたー	
konnpyu-ta-.	こんぴゅーたー。	
konnpyu-ta-. Space	コンピューター。	← スペースバーで変換
konnpyu-ta-. Space Enter	コンピューター。	← Enter で確定

▶長いものを文節ごとに

「今日歯医者に行った」「今日は医者に行った」は，どちらも三つの文節に分かれます。文節の終わりのところでスペースバー [Space] を打って変換します。

kyou [Space] haishani [Space] itta. [Space]
kyouha [Space] ishani [Space] itta. [Space]

▶文全体をまとめて入力する方法

コンピューターは文節の区切りも学習してくれるので，なるべくたくさん入力してから [Space] で変換するほうが，長い目で見れば，効率が上がります。

「今日歯医者に言った。」と書いてみましょう。

[Shift] + [←]，[Shift] + [→] で文節を縮めたり延ばしたりできます。

[←]，[→] で文節を移動します。

kyouhaishaniitta.	きょうはいしゃにいった。	ローマ字入力
[Space]	今日は医者に言った。	スペースバーで変換
[Shift]+[←]	きょうは医者に言った。	[Shift]+ 方向キーで文節を伸縮
[Space]	今日歯医者に行った。	スペースバーで変換
[→]	今日歯医者に行った。	方向キーで文節を移動
[→]	今日歯医者に行った。	方向キーで文節を移動
[Space]	今日歯医者にいった。	スペースバーで変換
[Space]	今日歯医者に言った。	スペースバーで変換
[Enter]	今日歯医者に言った。	[Enter] で確定

2.8 ローマ字について

パソコンの変換ソフトが理解するローマ字は，正しいローマ字と少し違いがあります。例えば「お」「を」は標準語では同じ発音なのでどちらも o と書くのが正しいのですが，パソコンでは「お = o」「を = wo」と入力します。また，「こんにちは」は「こんにちわ」と発音するので konnitiwa または konnichiwa と書くのが正しいのですが，パソコンでは konnnitiha または konnnichiha と入力します（n の数も増えています）。

次ページの表では，ローマ字として正しくないパソコン入力を（ ）に入れて示しました。逆に，ローマ字として正しいのにパソコンが理解しないものは下線を付けてあります。

以下で**訓令式**（くんれいしき）とは 1954 年の内閣告示第 1 号によるものです。**ヘボン式**とはヘボン（James C. Hepburn）が使った方式です※22。両方式を混ぜて使うのは好ましくありません。

※22 『和英語林集成』（1867 年初版）で使われました。今日「ヘボン式」と言われるものは1886年の第3版のものです。なお，Hepburn を現代風に表記すれば「ヘップバーン」ですが，昔の人の使った「ヘボン」のほうが英語圏の人にも通じやすい発音です。

表 2.1　ローマ字表。パソコン入力では「ん」は nn と打たなければいけないこともある。ヘボン式では「しんぶん = shimbun」のように m，b，p の前では「ん」を m と書くが，パソコン入力では使えないことが多い。

	訓令式	ヘボン式
あいうえお	a i u e o	
かきくけこ	ka ki ku ke ko	
さしすせそ	sa si su se so	shi
たちつてと	ta ti tu te to	chi tsu
なにぬねの	na ni nu ne no	
はひふへほ	ha hi hu he ho	fu
まみむめも	ma mi mu me mo	
や　ゆ　よ	ya yu yo	
らりるれろ	ra ri ru re ro	
わ　　　を	wa (wo)	
ん	n	n (m, b, p の前では m)
がぎぐげご	ga gi gu ge go	
ざじずぜぞ	za zi zu ze zo	ji
だぢづでど	da (di) (du) de do	
ばびぶべぼ	ba bi bu be bo	
ぱぴぷぺぽ	pa pi pu pe po	

	訓令式	ヘボン式
きゃ きゅ きょ	kya kyu kyo	
しゃ しゅ しょ	sya syu syo	sha shu sho
ちゃ ちゅ ちょ	tya tyu tyo	cha chu cho
にゃ にゅ にょ	nya nyu nyo	
ひゃ ひゅ ひょ	hya hyu hyo	
みゃ みゅ みょ	mya myu myo	
りゃ りゅ りょ	rya ryu ryo	
ぎゃ ぎゅ ぎょ	gya gyu gyo	
じゃ じゅ じょ	zya zyu zyo	ja ju jo
ぢゃ ぢゅ ぢょ	(dya) (dyu) (dyo)	
びゃ びゅ びょ	bya byu byo	
ぴゃ ぴゅ ぴょ	pya pyu pyo	

表 2.2　ローマ字表（その他の例）。下線はローマ字としては正しいがパソコンで使えない書き方。（　）はローマ字としては正しくないがパソコンで使える書き方。

	訓令式	ヘボン式
あった	atta	
いっち	itti	icchi, itchi
っ	(xtu, ltu)	
ゃ	(xya, lya)	
あーと	âto (a-to)	
ほんや	hon'ya (honnya)	
かんな	kanna (kannna, kan'na)	

✎「あった = atta」のように，促音（つまる音「っ」）は最初の子音字を重ねて表すのがローマ字の正しい流儀ですし，打鍵数も少ないのですが，「あった = axtuta」のように頭に x または l を付けても入力できます。

✎ 撥音（はねる音「ん」）を表す n と次にくる母音字または y とを切り離す必要がある場合には，n の次にアポストロフィ ' を入れるのがローマ字のルールですが，パソコン入力では「ん」を nn と書く流儀のほうが打ちやすいでしょう。

✎「情報」のローマ字は「zyôhô」「joho」などがありえますが，「jyoho」はありえません。ありえないローマ字をわざと使った例として「dancyu」（雑誌名）があります。

日本語入力だけのためなら，正しくないローマ字でもかまいませんが，ファイル名や URL（Web ページのアドレス）としてローマ字を使わなければならないことも多いので，正しいローマ字を覚えましょう。

3 ネットの利用

USING THE INTERNET

ネット（インターネット）は私たちの生活に必須のものとなりました。ネットを使うための端末も，パソコンよりスマートフォン（スマホ）のほうが多くなりましたが，まだまだ大人の仕事の世界ではパソコンが中心です。ここではパソコンやスマホによるネットの使い方について説明します。

3.1 Web

インターネットは，さまざまな用途に使われていますが，なかでも **Web**（ウェブ）はインターネットで情報を発信するために最も広く使われています[※1]。発信された個々のページを **Web ページ**，ひとまとまりの Web ページを **Web サイト**（または単に**サイト**）といいます。

Web の正式名は **World Wide Web**（ワールドワイドウェブ）（**WWW**）です。Tim Berners-Lee（ティム バーナーズ-リー）が WWW を提唱したのが 1989 年，最初の Web ページができたのが 1991 年です。インターネットの原型ができたのが 1969 年ですから，Web はインターネットの歴史で比較的新しいものですが，インターネットが今日のように広く使われるきっかけとなりました。よくインターネットと Web を混同することがありますが，インターネットには Web 以外にメールや LINE，ファイル共有，ビデオ会議など，たくさんの使い方があります。

Web ページを見るためのソフトを **Web ブラウザー**といいます（略して単に**ブラウザー**と呼ぶこともあります）[※2]。

よく使われる Web ブラウザーには，Windows の Microsoft Edge（マイクロソフト エッジ），Mac や iPhone などの Safari（サファリ）のほか，Google Chrome（グーグル クローム），Mozilla Firefox（モジラ ファイアーフォックス）などがあります[※3]。ブラウザーによっては正常に表示されない Web ページもあるので，複数のブラウザーをインストールしておくと便利です。

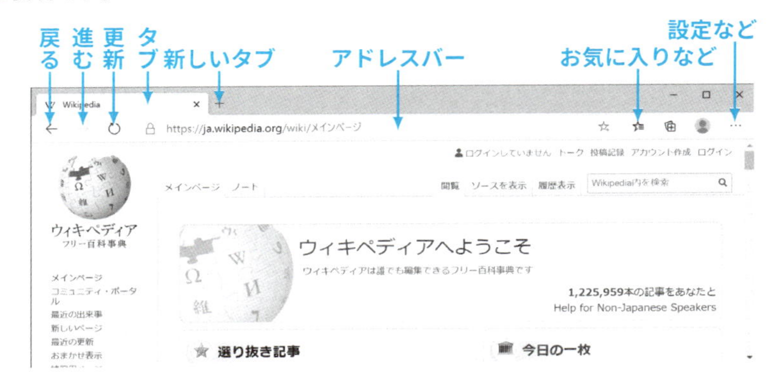

図 3.1　Windows の Microsoft Edge。

※1 Internet や Web は固有名詞なので大文字で始めるのが習慣でしたが，2016 年にアメリカの AP 通信は，もはや internet や web は固有名詞ではなくなったとして，小文字で書くことにしました。本書ではまだ大文字を使っています。

※2 英語の browse（ブラウズ）は「閲覧する」という意味の動詞です。図書館でブラウジングルーム（browsing room）といえば自由に本などを閲覧できる部屋のことです。ブラウザー（browser）は「閲覧ソフト」とも訳されます。

※3 Firefox や，Chrome の元となった Chromium は，オープンソースのソフトです。Internet Explorer（インターネット エクスプローラ）（IE）（アイイー）というブラウザーがよく使われていた時代がありましたが，現在は開発が終了しており，Edge などへの乗り換えが勧められています。なお，Edge も 2019 年以前の「古い Edge」は開発が終了し，2020 年以後は Chromium をベースとした別物になっています。

図 3.2　Windows の Firefox。Edge の「お気に入り」が Firefox では「ブックマーク」，Edge の「更新」が Firefox では「再読み込み」に相当する。

ブラウザーを起動すると，ブラウザー独自の**スタートページ**，またはブラウザーに設定された**ホームページ**（起点となるページ）が現れます*4。これは設定で変更できます。

*4 サイトの起点となるページもホームページといいます。日本ではすべての Web ページをホームページまたは HP と呼び，サイトの起点となるページを**トップページ**と呼ぶことがあります。IT 関係者が HP といえば Hewlett-Packard 社（https://www.hp.com/）を指すことが多く，ゲーマーが HP といえばキャラクターの体力を指すことが多いので，ホームページを HP と略すと誤解が生じるおそれがあります。

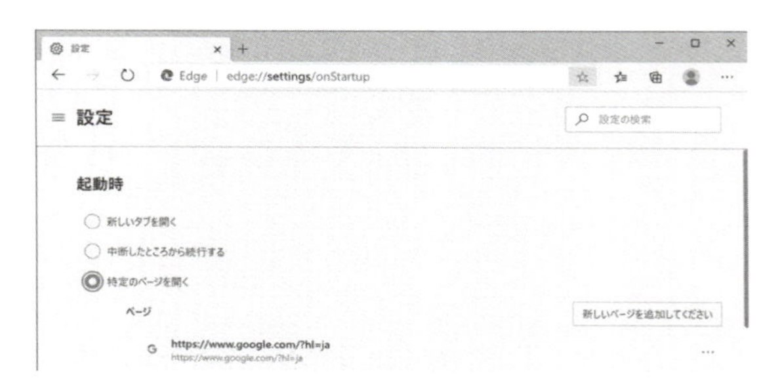

図 3.3　Edge の［設定など］→［設定］→［設定］→［起動時］→［特定のページを開く］でブラウザーのホームページ（起動して最初に表示されるページ）を設定する。

見ようとする Web ページを開く伝統的な方法は，信頼できる情報源でアドレスを調べて，それをブラウザーのアドレス欄に入力し Enter キーを押すことです。

Web ページのアドレスのことを **URL**（ユーアールエル）*5 といいます。一般的な URL は http:// または https:// で始まります。https:// で始まるものは，ネットワークの途中経路が暗号化されており，しかも URL*6 が偽装されていないことが電子証明書により保証された URL です。

例えば百科事典 **Wikipedia**（ウィキペディア）の日本語版のアドレスは https://ja.wikipedia.org/ です。アドレス欄に ja.wikipedia.org Enter と入力すると，最初は http:// が補われて http://ja.wikipedia.org/ にアクセスしようとしますが，最終的には https://ja.wikipedia.org/wiki/メインページ に自動的に転送（リダイレクト）されます。

*5 URL は Uniform Resource Locator の略です。URI（Uniform Resource Identifier）ともいいます。

*6 正確には URL のドメイン名部分。

この URL 入力による方法は一番確実ですが，よくあるスペルミスを狙って不正なサイトにアクセスさせる**タイポスクワッティング**（typosquatting）*7 という悪用手段があります。よく見るページは**ブックマーク**（**お気に入り**）に登録しておくと便利です。

*7 「タイポ」はタイプミス，「スクワッティング」は不法占拠の意味。

もっと現代的な方法は，ブラウザーのアドレス欄や検索欄にサイト名や調べたい語を入力して検索することです。

ブラウザーが使用する検索エンジンは変更ができます。または，気に入った検索サイトをブラウザーのホームページに設定しておくのも便利です。検索サイトとしては次の三つが有名です。

- **Google**（グーグル）（https://www.google.com/ または https://www.google.co.jp/）
  世界で一番使われている検索サイト。シンプルだが的確な検索結果が得られることが多い。
- **Yahoo! JAPAN**（ヤフージャパン）（https://www.yahoo.co.jp/）
  日本で広く使われている**ポータルサイト**[*8]。検索だけでなく，たくさんの便利な機能がある。現在は Google の検索エンジンを使っているので，検索結果はほぼ同じ。
- **Microsoft Bing**（マイクロソフトビング）（https://www.bing.com/）
  Windows のデフォルト検索エンジンとして指定されている Microsoft の検索サイト。

これらの検索サイトで同じことばを入力して，結果を比較してみましょう。

アドレスを打ち込む代わりに検索するのが最近の風潮ですが，検索で最初に出てくるものが必ずしも目的のサイトとは限りません。最初のいくつかはおそらく広告ですし，偽サイトが表示されることもあります。URL を見れば，そのサイトの素性が，ある程度わかります[*9]。

他サイトからのリンクも必ずしも正確とは限りません。特にあぶないのが，偽メールなどに書いてあるリンクをクリックする場合です。本物そっくりに作った詐欺サイトに行ってしまうことがよくあります（**フィッシング**[*10]詐欺）。よくできた詐欺サイトはちゃんと https:// を使っており，URL も本物と似たものを使っています。ブラックリストに載っている詐欺サイトであればブラウザーが警告してくれますが，必ずしも万全ではありません。届いたメールなどに書かれているアドレスを信用せず，別の手段でサイトにアクセスしましょう。

パスワードの入力が必要なサイトは，パスワードをパソコンに覚えさせることができます。信頼できない共用パソコンでパスワードを覚えさせるのは危険ですが，盗難対策がされている自分のパソコンなら，むしろパスワードを覚えさせておくほうが，正しい URL[*11] のサイトでしかパスワードが自動入力されないので，かえって安全です。

*8 Web 閲覧の出発点となるサイトをポータルサイトということがあります。ポータル（portal）は「入り口」という意味の英語です。

*9 例えば .ac.jp なら大学など教育機関，.co.jp なら会社，.go.jp なら国，.lg.jp なら地方自治体。詳しくは145ページ「DNS」参照。

*10 詐欺のフィッシングは phishing と綴ります。釣り（fishing）の綴りを変えて作られた語です。

*11 正確にはURLのドメイン名部分だけのチェックですが，完全に一致したときにしか自動入力されないので，似たドメイン名でだましてパスワードを入力させる詐欺が防げます。

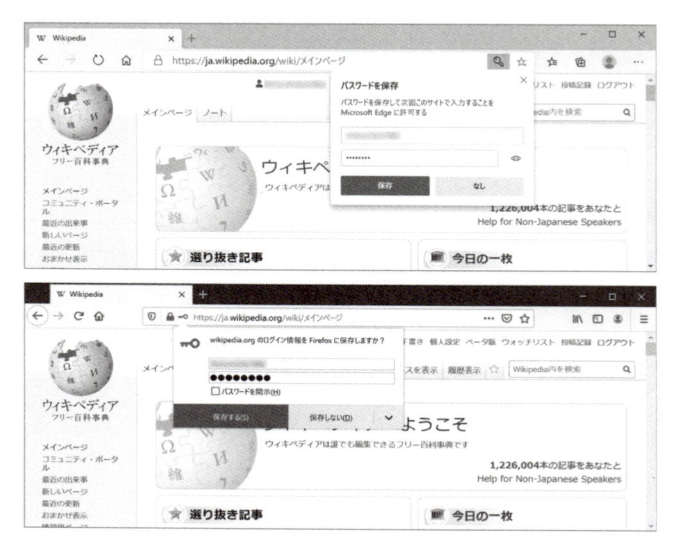

図 3.4　パスワードをパソコンに保存できる。上は Microsoft Edge，下は Firefox。ブラウザーによってはユーザー名・パスワードをほかのマシンと同期（sync）できる。

Web 閲覧中にセキュリティ警告が現れることがありますが，機械的に無視せず，よく考えて対処しましょう。

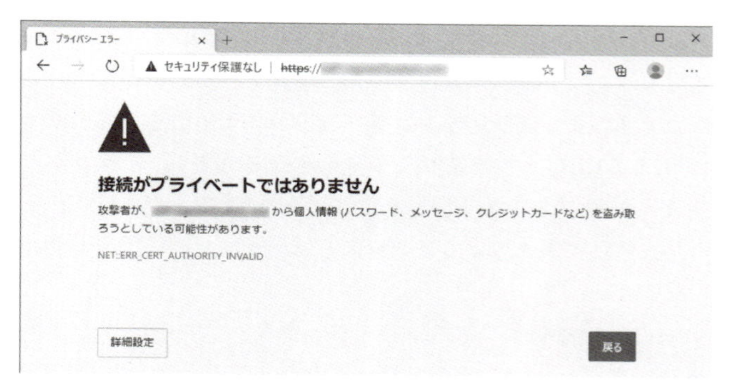

図 3.5　サイトの証明書に問題がある場合の警告。アドレスが https: で始まるサイトは SSL/TLS（→ 146 ページ）という仕組みでサイトの証明と通信の暗号化を行っているが，自家製の証明書（自己署名証明書，「オレオレ証明書」）を使っているところがある。ブラウザーによっては，警告を無視するとアドレス欄が赤になる。

Web 閲覧中に「ウイルスに感染しました！」のような画面が現れることがよくありますが，たいていは，ウイルス対策ソフトを買わせるための偽広告です*12。

*12 閉じない偽広告が現れたら，Ctrl + Shift + Esc でタスクマネージャーを出し，閉じたいブラウザーを選んで，「タスクの終了」をクリックします。

▶文字化けしたら

詳しくは 141 ページ以降で説明しますが，文字コードの間違いです。ブラウザーによりますが，Web 画面を右クリックあるいはメニューで「エンコード」「文字エンコーディング」「テキストエンコーディング」といった名前の設定を変更します。日本語なら「ユニコード（UTF-8）」「シフト JIS」「日本語 EUC（EUC-JP）」「JIS（ISO-2022-JP）」のどれかを選んでください。

3.2 メール

仲間どうしの連絡なら LINE で十分かもしれませんが，大人の仕事の道具としては**メール**（mail）が欠かせません。

メールはもともと手紙のことですが，現在では電子メール（e メール，e-mail，email）[*13]を指すことがほとんどです[*14]。

e メールのアドレス（メールアドレス，メルアド，メアド）は hanako@example.ac.jp のような形のものです。@ は *at* を縮めて書いた文字です。hanako の部分がユーザー名，example.ac.jp の部分がドメイン名と呼ばれるものです。

✎ e メールの中でもドメイン名部分が docomo.ne.jp，ezweb.ne.jp（au.com），softbank.ne.jp などのものは「携帯メール」（キャリアメール）と呼ばれます。スマホが普及する前から，主に携帯電話同士のやり取りに使われてきました。スマホでも使えますが，パソコンからのメール（正確にはキャリアメール以外）を受け取らない設定になっていることが多いので，注意が必要です。例えばキャリアメールからキャリアメール以外のアドレス（Gmail など）に送ると，相手が返信しても届かないことがあります。

メールを読み書きするためには，スマホではもともと入っているメールアプリを使うことが多いのですが，パソコンでは，**Gmail**[*15] などを Web ブラウザーで使うこともできますし，標準のメールソフト（例えば Windows ストアアプリの「メール」や Mac 付属の Mail.app）や，Microsoft Office 付属の Outlook，オープンソース（19 ページ）の Thunderbird や Sylpheed など，いろいろな選択肢があります。

メールサーバーやメールソフトがプッシュ方式に対応している場合，LINE などと同じように，サーバーに届いたメールはすぐに着信します。プッシュ方式に対応していない場合は，ソフトを開いたときや，その後は例えば 5 分ごとに，メールソフトがサーバーに問合せをして，メールが届いていれば取り寄せます（フェッチ方式）。

メールアドレスは，ステータス（身分）を証明するものでもあります。例えば 123456@m.example.ac.jp であれば，例示大学の学籍番号 123456 の学生だと推測できます[*16]。無料メールサービスや携帯電話のメールアドレスで「学生の○○ですが成績を教えてください」と書いてきても，信じていいものかわかりません。逆に，匿名性を重んじるときは，無料メールサービスを使って，都合が悪くなったらアカウントを消してしまうことも考えられます。ただ，インターネットが匿名空間だというのは幻想で，よほど巧妙に足跡を消さない限り，調べれば本人にたどり着きます。

▶To，Cc，Bcc

メールを新規作成すると，「To」（宛先）と「件名」を聞いてきます。「To」以外に「Cc」，「Bcc」を入れることもできます[*17]。

*13 e は electronic（電子）の意味です。

*14 e メール以外に，SMS（ショートメッセージサービス，ショートメール，メッセージ）という携帯電話番号を使った簡易メールがあります。

*15 mail.google.com

*16 もっとも，メールの差出人を詐称（偽装）することは簡単にできますので，内容に疑問がある場合は，返信して確認することが大切です。差出人を詐称したメールでも，返信すれば本来のアドレスの持ち主に届くからです。

*17 これ以外に「Reply-To」（返信アドレス）を指定できることがあります。返信するとそのアドレスに届きます。

- 「To」は宛先です。複数の宛先を並べて入れることもできます。
- 「Cc」は carbon copy（カーボンコピー，写し）の略で，メールの写しを送りたい人のアドレスを並べます。
- 「Bcc」は blind carbon copy（匿名カーボンコピー）の略で，ここに書いたアドレスはメールのヘッダーに現れません。受信者のアドレスを隠したい場合に使います。

「To」と「Cc」のアドレスは受信者全員に表示されます。受信者どうしが知り合いならこれでいいのですが，そうでない場合は，受信者のメールアドレスを全員に知らせてしまうことになり，メールアドレス漏洩事件になります。そういった場合には「To」と「Cc」は空欄にして，全員のアドレスを「Bcc」に並べましょう。

3.3 メールの例

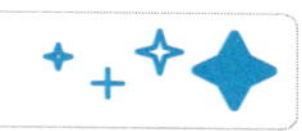

▶悪いメールの例

携帯などから出したものですが，いったいだれからのメールか，よくわかりません。

差出人: henoheno(^_^)moheji@dokoka.example.jp　　え，だれ？
件名: こんにちわ　　「こんにちは」でしょ。それに，これでは内容がわからない。

先生，きのうの授業出席したけど欠席になってました。直してください。
単位ください。　　やるもんか。

▶上のメールの改良例

大学の提供するメールアドレスを使って出したので，仮に名乗らなくても，だれのメールかわかります。

差出人: 山田太郎 <654321@m.example.ac.jp>
件名: 出欠訂正のお願い

技評先生，　　本来は不要だが，見落とされないように

学籍番号 654321 の山田太郎です。

4 月 14 日の情報科学概論に出席しましたが，出席確認メールを
間違ったアドレスに送ってしまい，欠席になってしまいました。
エラーで戻ってきたメールを添付しておきます。
ご考慮いただければ幸いです。

--
山田太郎 <654321@m.example.ac.jp>
例示大学例示学部例示学科 1 年　　} 自動で署名が付く設定にしておく

▶**忙しい人のメールの例**

件名: Re: ご予定を教えてください*18

技評@例示大です。　　　これは自動で付くように設定してある

予定表 https://www.example.ac.jp/~gihyo/plan を見てください。

> お世話になっております，○○です。
> ……
> ……
　　　頭に > が付いた部分は引用

--
技評一郎 https://www.example.ac.jp/~gihyo/
例示大学例示学部教授
　　　自動で付く署名

*18　返信すると件名に Re:（レ）が付きます。これは何かの略語ではなく，ラテン語起源の英語で「～（の件）に関して」という意味で，昔から文書の件名によく用いられる語です。日本では返信の意味の response（レスポンス）を略して「レス」ということがあり，しばしば Re: と混同されます。Re: 以外に，転送したメールに付く Fw:（または Fwd:）も覚えておきましょう。

3.4 メールのマナー

メールのマナーはどんどん変化しています。また，状況に応じても変わります。習ったことを鵜呑みにせず，ケースバイケースで考えましょう。

▶**夜中にメールしていい？**

パソコンのメールは，溜めておいて仕事時間に読めばいいので，いつメールしてもかまいません。スマホでメールを読む場合も，夜中は「おやすみモード」などで着信・通知を切ることができます。

▶**まずは返事しよう**

迷惑メールフィルターのおかげで，メールが届かない事故が増えています。メールが届かない場合は別の手段で連絡が必要になるので，1 日 1 回はメールをチェックし，返事が必要なものはすぐに返信しましょう。「了解しました」「承知しました」「関係者と相談の上，今週中に回答いたします」だけでもいいので，とにかく届いたことを相手に伝えれば，安心してもらえます。

▶**メールは簡潔に**

メールに時節の挨拶は不要です*19。本文の最初の 1 画面で重要な点が伝えられるように工夫しましょう。

*19 とはいうものの，年長の人へのメールには「お世話になっております」程度のことは書いたほうがいいこともあります。

▶**約束はメールで確認**

忙しい人の多くはメールを仕事の管理に使っています。電話や立ち話で伝えた内容でも，メールで伝え直しましょう。

▶件名だけで内容がわかるように

必ず件名（Subject）を付けましょう。「こんにちは」や「山田です」のような情報量のない件名ではなく，内容を表す件名にしましょう。人によっては毎日何百通もメールを受け取るので，件名なしのメールは探しにくいだけでなく，迷惑メールと間違われることもあります。的確な件名が付いていれば，検索にも便利です。なお，関連していない複数の内容を伝えたい場合は，内容ごとにメールを分けましょう。件名と無関係な内容を「ついでに」書いた場合，忙しい人はたいてい読み飛ばしてしまいます。

たとえ件名がおかしくても，返信時に件名を変えると，メールのスレッド（つながり）が切れてしまうことがあるので，そのままにしておきましょう。

▶添付ファイルはなるべく避ける

件名と本文（しかもできるだけ冒頭）だけ読めば言いたいことがわかるメールにして，添付ファイルは必要なものだけに限りましょう。大きいファイル[*20]は，Google ドライブ・Dropbox・組織の提供する ownCloud・グループウェアの類にアップロードして，URL だけを伝えましょう。

添付ファイルを圧縮する必要はありません[*21]。

ファイルを暗号化して，次のメールでパスワードを送るのは，セキュリティ的に無意味です。詳しくは第 11 章をご覧ください。

▶機種依存文字は避けよう，半角カナは避けよう（？）

Windows で①②③④⑤⑥⑦のつもりで書いた文字が Mac で㈰㈪㈫㈬㈭㈮㈯に化けるといったことがよく起きます。これらの文字は**機種依存文字**と呼ばれ，パソコンの「機種」（厳密には OS）が違うと文字化けします。この種のトラブルを避けるには，①は (1) などで代用しましょう。ローマ数字は半角アルファベット I や V を並べて I II III IV などと表しましょう。㈱は 3 文字に分けて（株）と書きましょう。半角ｶﾅも，文字化けの原因となります。全角カナを使いましょう。

――このマナーは過去のものになりつつあります。これらの文字化けは，文字コードを UTF-8 に設定すれば解決するからです。すでに多くのメールソフトで UTF-8 がデフォルトになりました[*22]。文字コードについては 141 ページをご覧ください。

▶行は短めに（？）

パソコンの画面に合わせて 1 行を半角 70 文字（全角 35 文字）程度にとどめるのが昔からのルールでした[*23]。しかし，最近はスマホで読まれることも増えたため，余分な改行をしないことが増えました。

▶段落の区切りは 1 行余分に空ける

通常の文章と違って，メールでは，段落の頭を字下げする必要はありません。その代わり，段落と段落の間は 1 行余分に空けるという流儀が広く行われています。

*20 メールで通常送れるのはテキストに換算して 10 M バイト（添付ファイルにして 7 M バイト強）が限界です。

*21 Word，Excel，PowerPoint のファイル（docx，xlsx，pptx）は，すでに ZIP 圧縮されています。再圧縮する意味はありません。

*22 文字コード設定ができないメールソフトで強制的に UTF-8 にするために，わざと ⌘（「コマンド」で変換）のような UTF-8 でないと表せない文字をメールの署名に含ませるという裏技がありました。今はデフォルトで UTF-8 になるはずです。

*23 1 行の長さが 1000 バイト程度（全角 500 文字程度）を超えると，超えた部分が激しく文字化けすることがあります（メールの規格 SMTP を定めた RFC 2821 という文書に “The maximum total length of a text line including the 〈CRLF〉 is 1000 characters” とあります）。しかし，近年は，B エンコードや Q エンコードという方式が普及したため，画面上の行の長さの制限がなくなってきています。

▶署名を付けよう

メールの本文の最後に自動的に付く**署名**（signature）を登録しておくと便利です。署名は自分のアイデンティティを表す名刺のようなものです。伝統的には，署名は“-- ”（半角のマイナス・マイナス・スペース）の行で始まり，3 行程度にとどめることになっています。例えば

```
--
山田 花子 <654321@example.ac.jp>
例示大学例示学部例示学科
電話: 123-456-7890  携帯: 909-8765-4321
```

のようなものですが，今はもっと趣向をこらしたものが増えています。署名は相手によって使い分けましょう。見知らぬ人に電話番号などを教える必要はありません。

▶メーリングリストのマナー

メーリングリスト（メーリス）とは，あるアドレスに送ったメールが参加者全員に届く仕組みです。件名には [メーリングリスト名] または [メーリングリスト名:番号] が自動で付くのが一般的です。メーリングリストのメールに返信すると，宛先がメーリングリストになり，全員に届くことがあります[*24]。

特定の人にメールを送ろうとして，その人からのメールに返信したところ，メーリングリストの全員に届いてしまったという事故がよくあります。返信するときは宛先欄を再確認するべきですし，そもそも新しいメールは返信ではなく新規作成で作り，宛先はアドレス帳から選びましょう。

▶サーバーからメールを消そう（？）

Gmail のような何ギガバイトもの容量を持つメールサービスが一般的になり，サーバーからメールを消す必要はほとんどなくなりました。

一方，セキュリティの懸念から，小規模なメールサーバーを自前で運用している組織もあります。そのようなサーバーに大量のメールを溜め込むと，そのうち容量の限界を超え，メールが受け取れなくなります。容量が 50 M バイト[*25] なら，10 M バイトのメールが 5 通しか受け取れません。メールボックスの容量を確認し，大きなメールは早めにサーバーから削除しましょう。

▶メールのリンクをクリックしない

メールを見たら詐欺だと疑って，安易にリンクをクリックしないようにしましょう。特に，29 ページでも説明したフィッシングと呼ばれる詐欺は，本物そっくりのサイトに誘導してパスワードを打ち込ませ，パスワードや個人情報を盗もうとします。架空請求サイトや，誤操作を狙ってマルウェア（いわゆるウイルス）に感染させようとするサイトもあります。

*24 このようなメーリングリストは，届いたメールのヘッダに Reply-To: を補ってから全員に送ります。このおかげで返信するとメーリングリスト宛になります。なお，メールソフトの設定で「返信アドレス」を付けると，メーリングリストの付ける Reply-To: と競合し，返信すると本人だけに届くことがあります。最近は Reply-To: を付けないメーリングリストが増えました。

*25 よく使われているメールサーバーソフト Postfix の mailbox_size_limit のデフォルト値は 51200000 バイトです。

▶ウイルスに注意！

メールはコンピューターウイルスの温床です。メールに付いている添付ファイルを開くときは，十分注意しましょう。見知らぬ人からのメールに添付されているものだけではなく，差出人があなたの友人になっているメールも要注意です。多くのウイルスメールは差出人欄を偽装するからです。ウイルス対策ソフトも新種のウイルスには役に立ちません。詳しくは第11章をご覧ください。

▶遅延・不着に注意

システム障害や，大量の迷惑メールのため，メールの遅延が起こることがあります。さらに最近では迷惑メールに誤分類されて失われてしまうことが頻繁にあります。それに加えて，忙しい人は毎日数百通のメールを受け取るので，見落とされることもあります。メールの返事がなければ，再度メールするか，メール以外の方法で連絡してみましょう。

▶デマメールを拡散しない

「〇〇からの情報です」で始まって「できるだけ多くの人に拡散してください」で終わるデマメールは，今やツイッターやLINEなどのSNSに場を移して拡散されています。拡散にかかわらないようにしましょう。

▶HTMLメールって？

メールは通常はただのテキストですが，フォントを指定したり，文字に色をつけたりすると，HTMLメールというものになります。

派手なHTMLメールは，広告か迷惑メールのような印象を与えます。また，過去において，メールソフトのバグのために，HTMLメールをプレビューしただけでウイルスに感染した時代がありました。そういったことからか，HTMLメールは嫌われることがあります（今はHTMLメールでウイルスに感染することはありません）[*26]。

▶メールはハガキ（？）

通常のメールは暗号化されずにネットを流れるので，盗聴される可能性があります。企業などでは，情報漏洩を防ぐために，メールの監視がよく行われています。大学で監視が行われている事例は聞きませんが，宛先不明メールや迷惑メールと判断されたものが管理者の目に触れてしまうことはありえます。メールはハガキと同じだと考え，見られて困ることは書かないほうがいいでしょう。暗号メールを使えば安心ですが，残念ながらあまり普及していません。

以上のことは現在でも真実ですが，双方が同じメールサービス（例えばGmail）を使い，メールサーバーまでの経路を暗号化（現在では暗号化がデフォルトで行われるはずです）すれば，昔のように通信経路で情報漏洩することはあまり考えられません[*27]。

*26 ただし，画像などのリモートコンテンツを表示することで，メールを開いたことを相手に知られる可能性はあります。リモートコンテンツはデフォルトで表示しないように設定しましょう。

*27 ただし，そのメールサービスの中の人は，読もうと思えば読めてしまいます。もちろん人間が読んだりしないでしょうけれども，コンピューターで読んで個人の好みを調べて広告表示に使うことは，かつてGmailの無料版で実際に行われていました。このほか，サーバーの置かれた国の法律に基づく捜査対象になりえます。それ以外に，Google Workspace（旧G Suite）やMicrosoft 365のパスワードを組織で管理している場合，組織の管理者なら原理的には何でもできてしまいます。

3.5 メールの仕組み

伝統的なインターネットのメールは，パソコンから自分の組織のサーバーに送られ，そこから相手方の組織のサーバーに送られ，相手がメールチェックすると相手に届きます。

インターネットでメールを送る際の決まりごと（プロトコル）としては **SMTP**（Simple Mail Transfer Protocol）が使われます。

サーバーに届いたメールを読み出す際のプロトコルとしては，昔は **POP**（POP3），今は **IMAP**（IMAP4）が人気です。

図 3.6　メールの仕組み。プロバイダー A の利用者 a が，B 大学の b にメールを送ると，SMTP を使ってパソコン a →サーバー A，サーバー A →サーバー B と送られる。b はサーバー B から POP3 または IMAP4 でメールを読み出す。

メールを送るための SMTP は，もともとは認証（ユーザー名とパスワードを打ち込むこと）を必要としない簡単な仕組みでしたが，今は SMTP 認証（SMTP AUTH）が一般化しました。サーバーとの接続には SSL の後継の TLS という方式で暗号化します（→ 146 ページ）。さらに，Google Workspace（旧 G Suite）や Microsoft 365 では，**OAuth 2** という新しい認可（→ 39 ページ）方式への移行が進んでいます。

SMTP サーバーはだれでも簡単に立てることができます。このおかげで，自前の SMTP サーバーから大量の迷惑メールを送る人が出始めました。それだけではなく，メールの添付ファイルを開くとそのパソコンに SMTP サーバーが仕掛けられるようなメールも大量に送って，間違って開いてしまった人のパソコンからも大量に迷惑メールを送り出すということがよくありました。自分のパソコンから大量の迷惑メールを送っていても，「最近パソコンが重くなった」くらいにしか思わない人が多いようです。

3.6 メールソフトの設定

いろいろなメールソフトや Web メールサービスがあり，設定法もそれぞれ違います。Gmail なら，まず Gmail 側の設定で IMAP を有効にします。

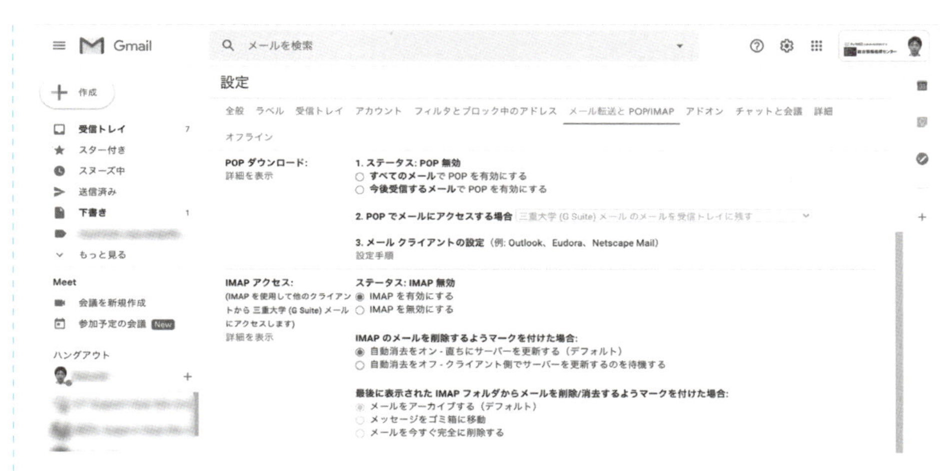

図 3.7　Gmail は「設定」→「メール転送と POP/IMAP」で IMAP を有効にする。

次にメールソフト側の設定をします。最近の代表的なメールソフト（OS 標準のメールソフトなど）は，Gmail，iCloud メール，Outlook メールといった主要なメールサービスの設定を自動的にできるものが増えています。例えば iOS 14 標準の「メール」アプリで Gmail を使う場合は，「設定」アプリで「メール」→「アカウント」→「アカウントを追加」とたどり，「Google」を選択して Google アカウント情報を入力すれば設定完了です。メールサーバーのアドレスやポート番号などを手で入力する必要はありません。

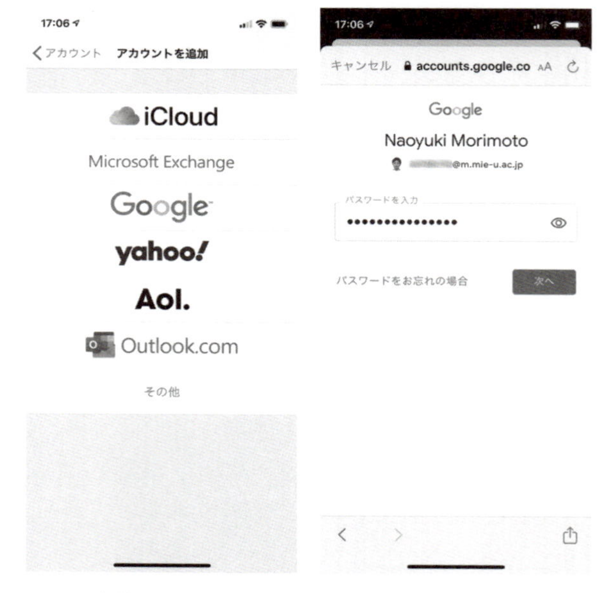

図 3.8　iPhone の OS 標準メールアプリで Gmail の設定をしているところ。リストの中にある「Google」を選んで Google アカウント情報を入力すれば設定完了。

使いたいメールソフトやメールサービスがこうした自動設定に対応していない場合は，メールサーバーのアドレス，ポート番号，対応する暗号化の種類などの情報が必要になります。メールソフトのヘルプや，メールサービス提供者が公開している設定情報およびマニュアルなどを参照しましょう。

3.7 アカウントの連携

アプリや Web サイトの中には「Google アカウントでログイン」や「Twitter と連携する」のように，ほかのサイトのアカウントと連携できるものがあります。

図 3.9（左）の例では，オンライン会議アプリの Zoom に Google アカウントでログインしようとしています。ここでは，Zoom が Google アカウントの名前，メールアドレス，言語設定，プロフィール写真を使うことの許可が求められています。許可する場合は，パスワードを入力して続行する[*28]と連携が完了して，Google アカウントで Zoom にログインできるようになります。このように，アプリやサイトに権限を与えることを認可（authorization）と言います。

*28 ここで，パスワードを送信する相手はGoogleのサーバーです。ZoomにGoogleアカウントのパスワードを教えてしまうわけではありません。

図 3.9　（左）Zoom に Google アカウントでログインしようとしているところ。（右）あるアプリを Twitter と連携させようとして，多くの権限を求められたところ。アプリが信頼できるかどうかわからないときは「キャンセル」して連携をやめる。

アカウントの連携は便利ですが，不用意に連携するのは危険です。図 3.9（右）は，アプリを Twitter と連携させるときに出てくる画面の例です。これをよく読むと，このアプリにプロフィールの変更，ツイートの投稿，ダイレクトメッセージの送信といった多くの権限を与えることがわかります。信頼できないアプリを連携した結果，フィッシングサイトに誘導するツイートやダイレクトメッセージを勝手に送信されるなどの事故が多発しています。

連携は，アプリやサイトの信頼性と与える権限を確認して，慎重に行うことが必要です。どのアプリやサイトと連携しているかは Google や Twitter などの設定メニューで確認でき，不要なものは連携を取り消せます。

3.8 スマホ時代のネット利用

携帯電話でインターネット（パケット通信）が使えるようになると，パケットの使い過ぎで支払ができない，いわゆる**パケ死**が問題になり，パケット定額制が普及しました。スマートフォン（スマホ）の時代になり，動画閲覧や**テザリング**（パソコンをつないで利用すること）による通信量の増加に対応するため，月間何 GB（ギガバイト）かを超えると通信速度を制限したり*29，できるだけモバイル通信回線（3G・LTE/4G・5G）でなく **Wi-Fi**（ワイファイ）（無線 LAN）を使うように誘導するといった手段が講じられています。最近は格安 SIM（シム），格安スマホが普及し，安い値段でスマホが使えるようになりました。

*29 このため「ギガが減る」「ギガが足りない」などの新語が生まれました。

2011 年 3 月 11 日の東日本大震災では，電話回線よりインターネット（パケット通信）のほうが**輻輳**（ふくそう）（通信の混雑）が起こりにくく，情報収集の手段として **Twitter**（ツイッター）などが注目されました。その後にできた **LINE** は，若い世代を中心に，多くの人が利用するようになりました。大人の世界ではまだまだメールが仕事の道具ですが，**Slack**（スラック）などの LINE に似たツールも使われ始めています。

ネットでのつながりが多くのすばらしい結果をもたらしている反面，スマホが片時も手放せない**ネット中毒**も社会問題になっています。

最近では，ネットでの安易な発言が原因で批判が殺到する，いわゆる**炎上**（えんじょう）が多発しています。匿名のつもりでも，身元が割り出されて実名が晒（さら）され，退学や内定取り消しになった例も報告されています。

ネットは匿名空間ではないことと，ネットに書き込んだことは転載を繰り返されて世界中に広まるかもしれないことを，つねに忘れずにネットを利用したいものです。

3.9 クラウドサービス

▶クラウドサービスの概要

クラウドサービス*30 は，データの管理や処理などを，利用者の手元にある機器を中心にして行うのではなく，インターネット上のサービスを中心にしていつでもどこでも行うための仕組みの総称です。

*30 クラウド（cloud）は「雲」を意味する英語です。もともと，どこかわからないところ（雲の上）で処理が行われるというほどの意味でした。これに対して，自前のサーバーを使うことを「オン・プレミス」（on-premises）または略して「オンプレ」と呼びます。最近は，クラウド的なサービスを自前のサーバーで提供する組織もあり，クラウドとオンプレの区別がつきにくくなっています。

従来は，レポートなどの文書，音楽，写真などは，手元にある機器（主にパソコン）で管理・処理していました。また，データをやり取りするには，ケーブルで繋いだり SD カードなどの記録メディアを使って意識的に行うのが一般的でした[*31]。しかし今ではパソコン以外にもデータを利用・作成・編集できる機器はたくさんあります。スマホはその代表的なもので，高画質の写真，映像，オフィス文書などのさまざまなデータをいつでもどこでも作成・編集できるようになりました。現在では，一人の利用者が複数の機器（家のパソコン，職場のパソコン，スマホ，タブレットなど）を利用することが普通になっています。こうなると，機器ごとに保存されているデータを手作業で管理するのは大変です[*32]。

機器の高機能化と並行して，ネットワーク技術の発達と普及により，機器の種類を問わずインターネットに接続できる環境が充実してきました。そこで，データの管理や処理を個々の機器で行うのではなく，インターネット上のサービスを中心にして行うクラウドサービスが発達してきました。例えばパソコンで作った文書ファイルをクラウドストレージ（インターネット上のファイル置き場）に保存すれば，手作業でパソコンからスマホにコピーしなくても，スマホで文書編集の続きができます。また外出先でスマホで撮った写真データは，クラウドの写真同期サービスを利用すれば，家のパソコンに自動的に保存されます。

▶クラウドの活用例

スマホやタブレットなどをはじめとした情報機器にはいろいろな特徴を持ったものがあるので，連携させることで一層活用することができます。機器の連携のカギとなるのがクラウドサービスです。ここではMicrosoft社のデジタルノートアプリであるOneNoteとクラウドサービスOneDriveを用いて，スマホ・パソコン・タブレットを連携させながらノートの作成を進めてみましょう。

スマホは高い携帯性（ほぼ常に所持している人も多いでしょう）や高性能なカメラなどが特徴として挙げられます。まずスマホ版OneNoteでメモを取るところから始めましょう。

OneNoteアプリを起動して，MicrosoftアカウントまたはMicrosoft 365アカウントでサインインします。ついでクラウド（OneDrive）上の「ノートブック」を選び（ない場合は新規作成），「セクション」および「ページ」を新規作成します。

OneNoteのページには，文字だけでなくさまざまなメディアファイルを挿入することができます。例えば，打ち合わせなどで資料が紙でしか配布されないことがありますが，紙はなくしたり破いてしまうかもしれません。そこで，スマホのカメラを活用して，資料を撮影してページに貼り付けてみましょう。ページ内の資料を置きたい位置をタップして，カメラのアイコンをタップするとカメラが起動して撮影できる状態になります[*33]。

スマホのマイクを使って録音する機能もあります。録音するには，やはり録音データを置きたい位置をタップしてから，マイクのアイコンをタップします。

*31 外出先で音楽を聴きたいときは，パソコンで管理している音楽データを携帯型音楽プレイヤーにコピーしていました。デジタルカメラで撮った写真はパソコンにコピーして管理・編集するのが一般的でした。

*32 手作業でのファイル管理操作にはミスがつきものです。間違えてデータを削除してしまったり，せっかく作った新しいデータを古いデータで上書きしてしまうなど，さまざまなミスが発生します。

*33 OneNoteアプリのバージョンによっては，撮影するときに「ドキュメント」や「ホワイトボード」モードを選ぶと，撮影時の傾きや対象物の輪郭を検出して，綺麗な長方形の画像へと自動的に補正できます。

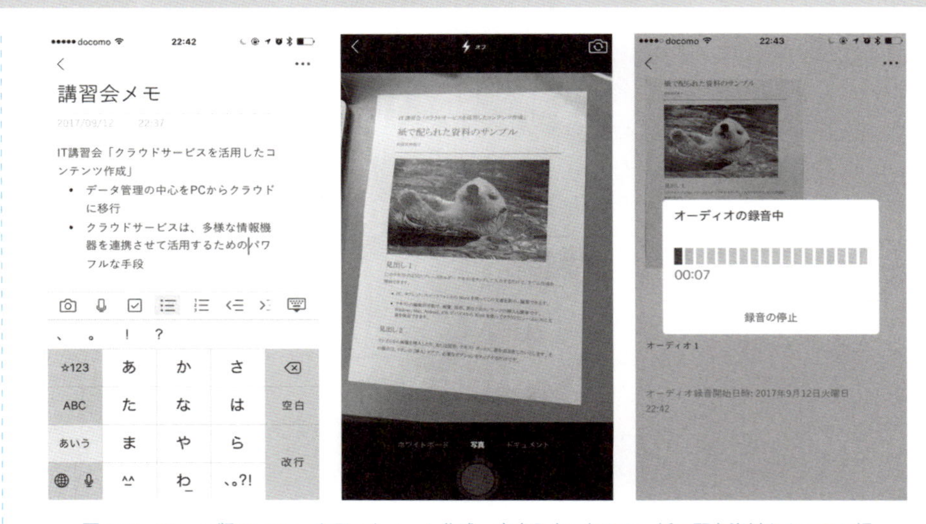

図 3.10　iPhone 版 OneNote を用いたノート作成。文字入力に加えて，紙の配布資料をカメラで撮影した画像や，マイクで録音した音声データをノートに貼り付けている。

スマホで作ったメモを基にして，長い文章を追加したりさらなる情報の収集や整理を行ったりするには，パソコンのキーボードや大きなディスプレイがあると便利です。パソコン版 OneNote でサインイン（スマホ版 OneNote と同じアカウントを使います）すると，先ほどスマホで作ったページがクラウド（OneDrive）上に保存されているはずです。ページを開くと，メモした文章の閲覧や編集，スキャンした画像データの閲覧，録音した音声ファイルの再生などができます。

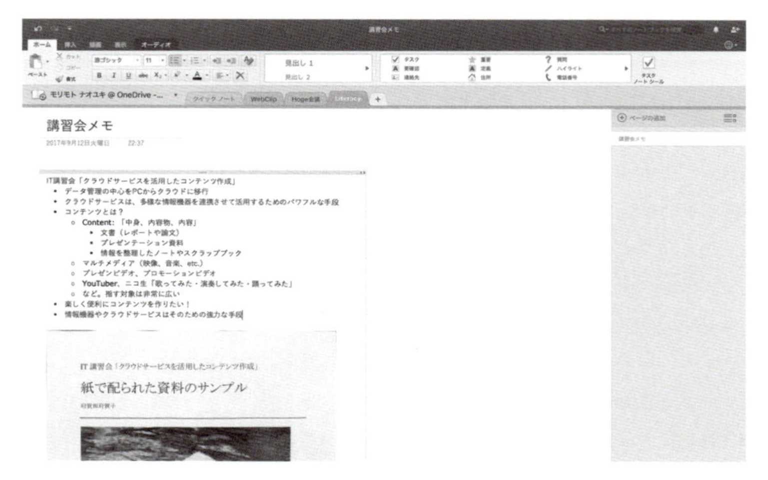

図 3.11　パソコン（Mac）版の OneNote で，スマホで作成したノートを表示し，文章の追加やさらなる情報の整理を行っているところ。

タブレットがあれば，例えばディスプレイを縦向きにして書籍や書類に近い形で作業するなど，パソコンよりも柔軟な取り回しができます。特にタブレットがスタイラスペンに対応していれば，タブレット版 OneNote 上で，ペンを利用して重要な部分をマークしたりメモを書き込んだりできます*34。

*34 最近のタブレットの中には、ペンの動き，筆圧，傾きなどを高精度で検知し，実際のペンと紙のような感覚で画面に書き込めるものがあります。パソコン版OneNoteでもマウス操作やタッチパッド操作でマーキングなどはできますが，慣れ親しんだペンと同じような感覚で操作できるので，より快適でしょう。

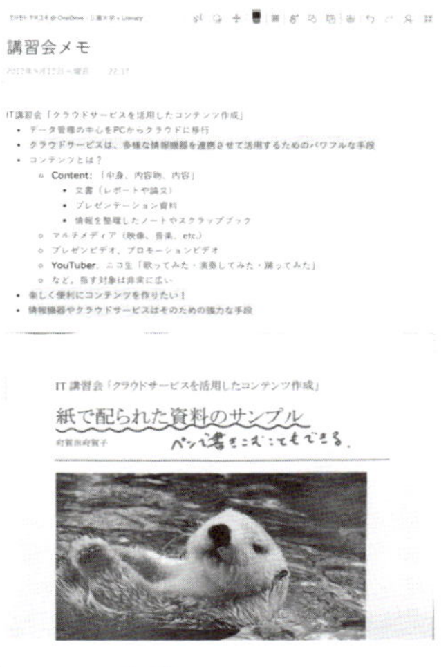

図 3.12　スタイラスペン対応 Windows タブレットの OneNote で，ペンを用いたマーキングや書き込みを行っているところ。

作成したページはほかの人と共有できます。共有はメニューの中の「共有」から，共有相手を指定したり共有用の URL を作成することで行います。相手と共同で編集作業を行いたい場合は，編集権限付きで共有します*35。

*35 共有相手がOneNoteをインストールしていなくても，オンライン版OneNoteを使って閲覧や簡単な編集ができます。

3.10 オンライン会議

Zoom，Microsoft Teams，Google Meet などのオンライン会議サービスを使う機会が増えました。これらのサービスでは音声，映像，チャットなどを用いたやりとりができます。ここでは基本的な使い方をみていきます。

▶基本的な使い方

必要な機器はマイク，スピーカー，カメラですが，これらは最近のノートパソコン，スマホ，タブレットには内蔵されています。必要であればヘッドセット（マイクつきイヤフォン）*36 や Web カメラをつなぎます。

*36 スマホ付属のイヤフォンをパソコンにつないでヘッドセットとして使えることがあります。

会議を開催する人は「新規ミーティング」などのボタンをクリックして会議室を作り，参加に必要な情報（URL，ミーティング ID，パスワードなど）をメールなどで参加者だけに伝えます*37。会議に参加する人は，参加用の URL をクリックするか，会議アプリ上でミーティング ID を入力して画面の指示に従います。初回のみ会議アプリのインストールが必要になることがあります。

*37 参加に必要な情報をSNSやWebなどで公開してしまうと，関係者以外も会議に参加できてしまい，セキュリティ上の事故やいたずらに遭うリスクが高まります。

オンライン会議では常に通信の遅延があるので，対面と同じペースで会話しようとすると違和感があります。会議中に発言のタイミングがつかみにくいときは，発言の意思をチャットなどで伝えるという手もあります。

▶音声

オンライン会議では映像より音声のクオリティが重要です。話し手とマイクとの距離が遠すぎると音が不明瞭になり，近すぎると音が割れます。意図しない生活音などを減らすには，普段はマイクをオフにしておき，必要なときだけオンにします。

ノートパソコンの内蔵マイクはキーボードの打鍵音を拾いすぎることがあります。ヘッドセットなどを使うと打鍵音を緩和できます。

複数台の端末が同じ場所で同じ会議に参加するときは，エコーやハウリング[*38]を防ぐため、マイクやスピーカーをオンにする台数を最小限にします。可能であれば会議用のスピーカーフォン（スピーカーとマイクが一体になった機器）を使います。

*38 マイクとスピーカーが同じ場所にあるときに，スピーカーから出た音がマイクに拾われてまたスピーカーから出る，ということが繰り返されて大きな騒音になること。

▶映像

カメラをオンにすると通信データ量が増えますので，特にモバイル通信回線のようにデータ量に制限がある環境では注意が必要です。高画質設定にできる場合もありますがさらにデータ量が増えます。通常の会議では標準の画質設定で問題ないでしょう。

資料を見せたいときは，カメラで資料を撮影するよりも画面共有機能を使うほうが鮮明になります。プレゼンテーションアプリの中には，マウスポインタを仮想的なレーザーポインタとして使えるものがあります[*39]。

*39 例えばパソコン版PowerPointでは，スライドショー中に右クリックして「ポインター オプション」→「レーザー ポインター」を選択します。

画面共有中は，機密情報やプライベートな情報などが表示されないように注意する必要があります。あらかじめ不要なアプリやウィンドウを閉じておく，通知機能をオフにしておく，できるだけ全画面でなくウィンドウ単位で共有するといったことが対策になります。通知を一時的にオフにするには，Windowsの「集中モード」やMac・iOS・Androidの「おやすみモード」などの機能が役に立ちます。

自宅などのプライベートな場所からオンライン会議に参加することも増えました。自分がいる場所のようすが相手から見えないようにするには，バーチャル背景機能が便利です[*40]。

*40 バーチャル背景に対応していない会議アプリや機種でも，Snap Cameraのようなサードパーティのアプリで同様のことができる場合があります。

4 お絵かきとファイル操作

PAINTING & FILE OPERATIONS

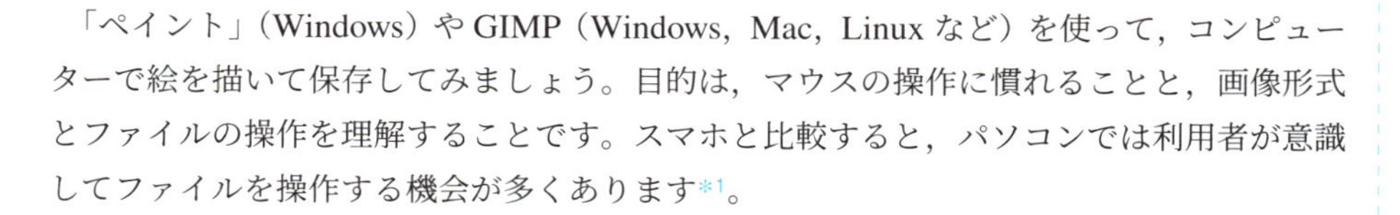

「ペイント」(Windows) や GIMP (Windows, Mac, Linux など) を使って，コンピューターで絵を描いて保存してみましょう。目的は，マウスの操作に慣れることと，画像形式とファイルの操作を理解することです。スマホと比較すると，パソコンでは利用者が意識してファイルを操作する機会が多くあります*1。

*1 パソコンの強みの一つは，マルチタスク（いろいろなアプリを同時に利用すること）がしやすいことです。複数のアプリを同時に起動してアプリ間でファイルをやりとりして作業することも多くあるので，パソコンを活用するには，ファイルの操作に慣れていることが重要です。

4.1 ペイントを起動

Windows には**ペイント**という描画ソフト（「お絵かき」ソフト）が付属しています。これを使ってみましょう。「検索」で「ペイント」と入力して探します。

▶キャンバスのサイズ

絵を描く前に，まずキャンバスのサイズを決めます。図 4.1 のようにマウスで拡大・縮小するか，あるいは［ファイル］→［プロパティ］で指定します。指定する単位はピクセル（画面上のドットの数）がわかりやすいでしょう。例えば 300 × 300 ピクセル程度の正方形で，SNS や LMS*2 で使う自分のアイコンを描いてみるのでもかまいません。

*2 LMS（Learning Management System，学習管理システム）は，授業で課題を受け取ったりレポートを提出したりするためのシステムです。オープンソースの Moodle や，クラウドサービスの Google Classroom など，さまざまな製品があります。

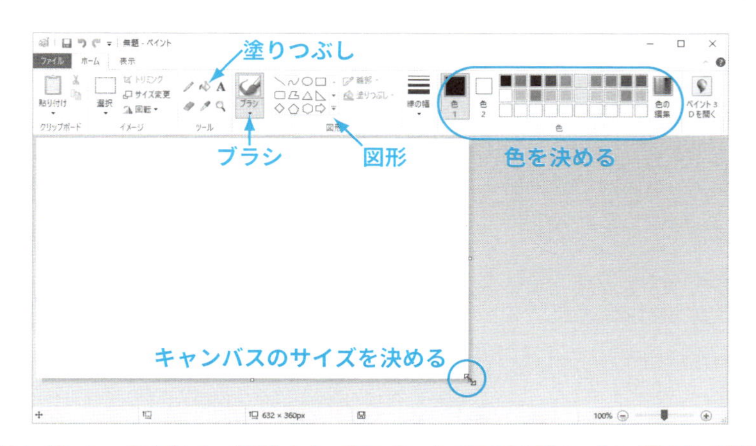

図 4.1　Windows のペイント。起動したら，①白いキャンバスの右下隅をマウスで動かして適当なサイズにする（または［ファイル］→［プロパティ］でサイズを指定），②好きな色をクリック，③ブラシをクリック，輪郭を描いてから④塗りつぶしをクリック，輪郭の内側をクリックすれば，色が流し込める。間違えたら［元に戻す］（または Ctrl + Z）で元に戻せる。マウスでうまく絵が描けない場合は，図形から四角形・楕円を選んで幾何学図形を描いてみよう。Shift を押しながら描くとそれぞれ正方形・円になる。

▶解像度

ペイントで描く絵は，**ピクセル**（pixel，画素）と呼ばれる小さな正方形の集まりです。ピクセルの集まりでできている画像を**ビットマップ画像**または**ラスター画像**といいます*3。1 インチ（25.4 mm）あたりのピクセルの数を**解像度**といいます。単位はピクセル/（パー）インチ（pixels per inch，ppi）です。

*3 これに対して，数式で表された線分・曲線でできている画像を**ベクトル画像**または**ベクター画像**といいます。詳しくは 140 ページをご覧ください。

昔のパソコン画面の解像度は 72〜96 ppi 程度でしたが，今は 200 ppi を超えるものもあります。

✎ 類似の単位として dpi（dots per inch）があります。パソコン画面上ではドットもピクセルも同じ意味で使われますので dpi も ppi も同じですが*4，プリンタでは複数のドットで一つのピクセルを表すことが多く，その場合は dpi 値のほうが ppi 値より大きくなります。

*4 最近は数百 ppi の高解像度ディスプレイの登場で，論理的な（例えば HTML や CSS で指定する）ピクセル数と，物理的な（デバイスの）ピクセル数とを，分けて考えることが多くなりました。ppi や dpi は 1 インチあたりの物理的なピクセル数です。

✎「ペイント」には解像度 96 dpi と書かれていますが，これは単に幅・高さを 1 インチと指定した場合に 96 ピクセルと解釈するというだけの話で，実際の画面やプリンタの解像度とは無関係です。

✎ 一般のプリンタの解像度は 600〜1200 dpi 以上，印刷所の出力機の解像度は 2400 dpi 以上です。

▶保存

描いた絵を保存するときは，［ファイル］→［名前を付けて保存］で，ファイルの種類と保存する場所を選び，ファイル名を付けて保存します。

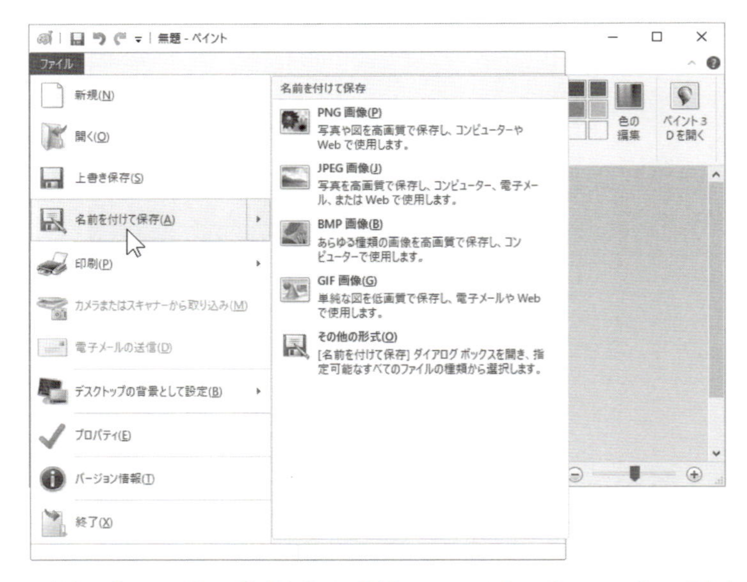

図 4.2　保存は［ファイル］→［名前を付けて保存］で。このとき，どのフォルダーに保存するかを確かめる。ファイルの種類は，漫画・アニメ風の絵なら PNG，写真やリアルな絵なら JPEG を選ぶ。ファイル名を付けて，［保存］ボタン（この図では隠れている）をクリック。

ファイルの種類は，マウスで描いた絵なら PNG（ピング）形式で保存するのがよいでしょう。ファイル名は例えば hoge.png のように名前の最後に .png を付けます（つまり，拡張子を png にします）。拡張子が png のファイル名のことを *.png とも書きます。*（アスタリスク）は「何でも」という意味です。

- PNG（ピング）（*.png）は，マウスで描いた絵やスクリーンショットなど，色数の限られた画像に向いた画像形式です。可逆圧縮（情報量が減らない圧縮）のため，鮮明ですが，ファイルサイズは JPEG より大きくなりがちです。
- JPEG（ジェイペグ）画像（*.jpg）は，写真などの複雑なフルカラー画像に向いた画像形式です。不可逆圧縮（情報量を減らす圧縮）のため，ファイルサイズは小さくできるのですが，輪郭に靄（もや）がかかったようなノイズ（モスキートノイズ）が生じることがあります。アプリによっては圧縮率を調節してファイルサイズとノイズのバランスをとることができます。
- BMP（ビーエムピー）画像（*.bmp）は，Windows で古くから使われている形式ですが，圧縮をしないため，ファイルサイズが大きく，画像の交換形式としては適当ではありません。
- GIF（ジフ）画像（*.gif）は，静止画のほか，簡単なアニメーションも可能です。可逆圧縮（情報量を減らさない圧縮）ですが，256 色しか使えません。「ギフ」と読む人もいます。

例えば PNG 形式を JPEG 形式に変換するためには，いったんペイントで読み込んで，JPEG 形式で保存し直す必要があります。ファイル名の拡張子を png から jpg に変えても，画像形式が JPEG になるわけではありません。

▶保存する場所

保存する場所は重要です。どこに保存したかを覚えておきましょう。そうでないと，あとで見つけられなくなります。Windows での画像の標準的な保存場所は，クイックアクセス（あるいは PC）の「ピクチャ」（または「画像」）という場所ですが，Microsoft アカウントで OneDrive を使っているなら，OneDrive の中，つまりネット上（クラウド）にあります。

✎「PC」の中の「ピクチャ」の実体の位置は，たいへん複雑です。ローカルアカウントなら，C ドライブの「ユーザー」（Users）というフォルダーの中の，自分のユーザー名のフォルダーの中の「ピクチャ」（Pictures）というフォルダーです。こういう長い名前を表すには通常 ¥ で区切って

```
C:¥ユーザー¥ユーザー名¥ピクチャ
```

のように表します。英語環境では，同じ場所が

```
C:¥Users¥ユーザー名¥Pictures
```

に見えます。詳しくは 50 ページ以降をご覧ください。

✎ Windows でファイル名に使えない文字は半角の ? " / ¥ < > * | : の 9 文字です[*5]。¥ はフォントによっては \ と表示される文字です。日本語の文字はファイル名に使えますが，OS の違うパソコンに送ると化けることがあります。ファイル名に使って安全な文字は，半角英数字と _（アンダーバー，アンダースコア），それに拡張子を区切るための .（ピリオド）です。

✎ Windows では，ファイル名の大文字と小文字を区別しません（abc.jpg も ABC.jpg も使えますが，同じフォルダー内に abc.jpg と ABC.jpg を両方入れることはできません）。

✎ Mac でも，ファイル名の大文字と小文字を区別しないのがデフォルトです（区別させることもできます）。Mac（の Finder）でファイル名に使えない文字は半角の : です。これは昔の Mac でフォルダー名の区切り（Windows の ¥ に相当）として使われていました。

*5 このほか，Windows では CON，PRN，AUX，NUL，COM0～COM9，LPT0～LPT9（あるいはこれらの小文字）からなるファイル名（例えば con.txt）は使えません。

✎ Linux など UNIX 系 OS でファイル名に使えない文字は半角 / です。これが UNIX 系 OS のフォルダー名の区切りです*6。

4.2 GIMP

GIMP（ギンプ）はオープンソース（19 ページ）の画像処理ソフトです。ペイントよりはるかに高度な機能を持ち，Linux，Windows，Mac などで使えます。

GIMP のような高機能の画像処理ソフトは，「お絵かき」というよりは，写真編集（レタッチ）で威力を発揮します。撮影した写真を切り抜き，色味（いろみ）を整え，必要に応じて画素数を間引いて出力します*7。

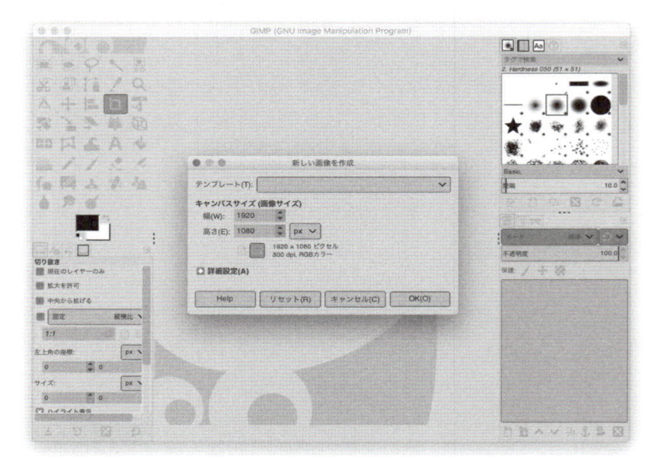

図 4.3　Mac 版 GIMP を起動して［ファイル］→［新しい画像］を選んだところ。絵筆を選び，ブラシの種類やサイズを適当に選んで，何か描いてみよう。色は黒い長方形をクリックして選ぶ。バケツを引っくり返した「塗りつぶし」ボタンで領域に色を塗りつぶす。

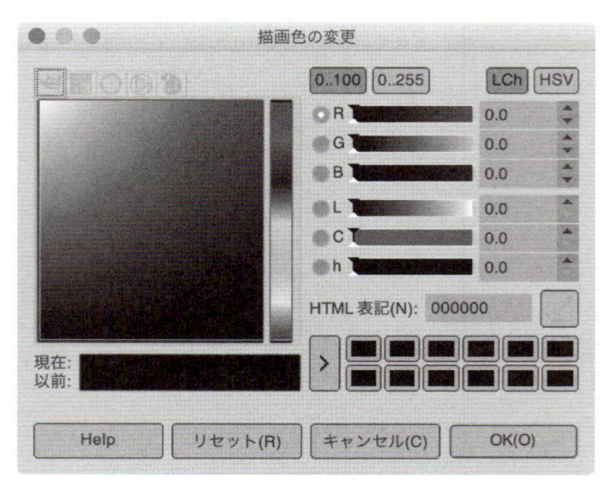

図 4.4　GIMP の描画色変更画面。中央の縦長のところでだいたいの色を選んだ後で，左側の正方形から細かい色を選ぶ。

*6 今の Mac は UNIX 系の OS ですので，: は使えるけれども / は使えなくなったので，ファイル名に / を使うと内部で : に置き換えます。Finder で 02/14 と見えるファイル名は，ターミナルで調べると 02:14 となっています。

*7 写真の編集によくプロが使うのは Photoshop（フォトショップ）という高価なソフトですが，GIMP でも Photoshop でできることの多くが可能です。ネットで**コラ**と呼ばれているものは，こうしたソフトを使って作った加工写真です。「コラ」の語源はフランス語「コラージュ」（collage）で，いろいろな素材を貼り合わせた現代絵画を意味します。なお，GIMP は最近の流行に合わせて暗い画面（ダークテーマ）がデフォルトになりましたが，設定で従来のような明るいテーマも選べます。

画像の保存は［ファイル］→［エクスポート］で，フォルダーを指定して，適当なファイル名で保存しましょう。画像の形式はファイル名の拡張子から自動で選ばれます[*8]。例えば hoge.png という名前にすれば，PNG 形式で保存されます。

▶カラーユニバーサルデザインと視覚のシミュレーション

人間の目には，それぞれ赤・緑・青に感じやすい 3 種類の錐体細胞があります。ところが，日本人男性の 20 人に 1 人，日本人女性の 500 人に 1 人は，赤または緑の感度が弱く，これらの色の区別が困難です[*9]。

これらの人も含めて，どんな人にも理解しやすい色づかいをすることを，**カラーユニバーサルデザイン**といいます。

GIMP で［表示］→［ディスプレイフィルター］で，「色覚障害の視覚」フィルターをアクティブにし，クリックして色覚障害のタイプを選べば，赤や緑の感度が弱い視覚がシミュレートできます。色で区別する図を作ったときは，この機能を使ってチェックしましょう。

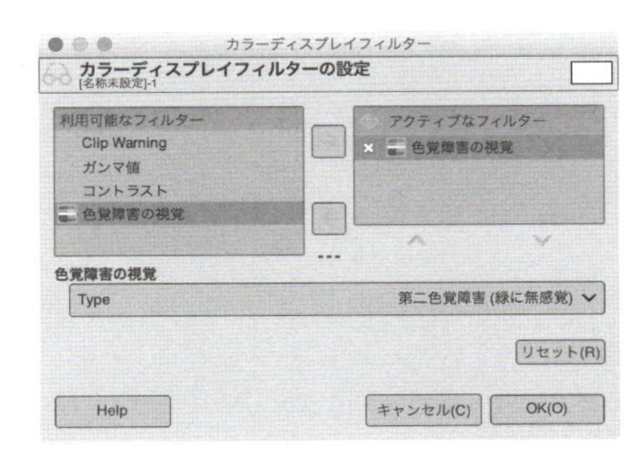

図 4.5　GIMP の［表示］→［ディスプレイフィルター］で「色覚障害の視覚」をアクティブにし，選択したところ。

4.3 コピーと貼り付け

Windows では Print Screen キー[*10] を押すと画面全体のスクリーンショットが OneDrive に保存される[*11] か，あるいは**クリップボード**というメモリ上の領域にコピー[*12] されます。コピーされた内容を後で呼び出すには，ペイントなどを立ち上げて，［編集］→［貼り付け］（または Ctrl + V）をします。

画面全体ではなく，アクティブなウィンドウ（最前面のウィンドウ）だけをコピーするには Alt + Print Screen します。ペイントに貼り付ける際には，余白が残らないように，ペイントのキャンバスをあらかじめ小さめに設定しておきます。

*8 これはファイル形式の選択が「拡張子で判別」になっている場合です。そうでない場合はファイル形式を指定してください。

*9 従来は色盲・色弱などと呼ばれてきた色覚異常ですが，いずれも差別的に聞こえるので，色覚多様性という語が提案されています。また，赤・緑・青が見えにくいことを，それぞれP型（1型）・D型（2型）・T型（3型）の色覚と呼びます。

*10 PrtSc などと書いてあることもあります。ノート PC などでは Fn キーを同時に押すことが必要なこともあります。

*11 OneDrive に保存するかどうかは，タスクバーの雲マークの設定で切り替えられます。

*12 コンピューターで「コピー」というと，ある場所にあるデータを複製して別の場所に入れることを意味します。紙に書き出すことは「印刷」または「プリント」といいます。コピーすると，同じデータが元の場所と新しい場所の両方にできることになります。元の場所のデータが消える場合は，コピーと言わず「移動」または「ムーブ」といいます。

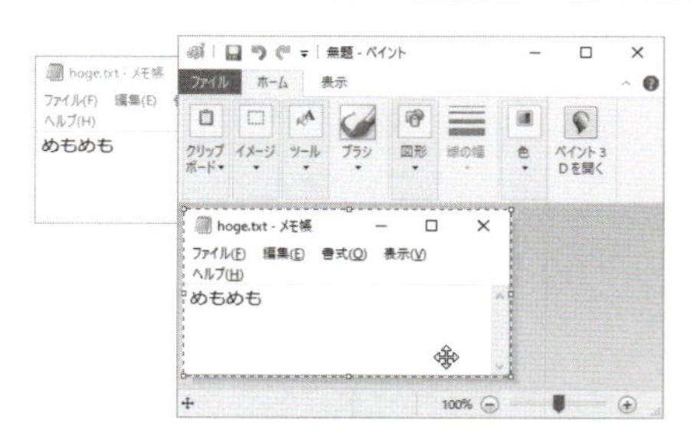

図 4.6　メモ帳を Alt + Print Screen で画面コピーし，ペイントに貼り付けたところ。

✎ OneDrive の設定により，OneDrive の「画像」の「スクリーンショット」フォルダーに自動保存することもできます。また，⊞ と併用すると，自分の PC の「ピクチャ」の「スクリーンショット」フォルダーに保存できます。Windows 10 には「Snipping Tool」という高機能なスクリーンショットツールが付いています。

✎ マウスポインタ は取り込まれません。マウスポインタも取り込むためには Windows の「拡大鏡」アプリを使う方法などがあります。

✎ Mac では，全画面を取り込むには ⌘ + shift + 3，画面の一部を取り込むには ⌘ + shift + 4 して範囲指定するか Space を押してから取り込むウィンドウをクリックします。画像は PNG 形式でデスクトップに保存されます。クリップボードに取り込むには ⌘ + control + shift + 3 または 4 とします。クリップボードに取り込んだ場合は，「プレビュー」で［ファイル］→［クリップボードから新規作成］して保存するなどの方法でファイルにできます。screencapture というコマンドでも同様のことができます。⌘ + shift + 5 して起動する「スクリーンショット」アプリを使うと，タイマー設定やマウスポインタを含めた取り込みなどが可能です。

✎ Linux などの X Window の画面は，伝統的には `xwd` コマンドで取り込みますが，今は GIMP を使って取り込むのが便利です。

4.4 フォルダーの探検

描いた絵や，書いた文章は，保存するとファイルになります。ファイルはフォルダーに分類して入れることになっています。フォルダーは自分で作ることもできます。ここではコンピューターの中にどんなフォルダーがあるかを調べてみましょう。

▶Windows のドライブとフォルダー

コンピューターの中を探検するには，デスクトップの下のタスクバーにあるフォルダーの形の**エクスプローラー**[*13] を開きます（55 ページ図 4.13）。この中に「デスクトップ」や「ドキュメント」などの頻繁に使うフォルダーへのクイックアクセス（近道）があります。これらは OneDrive つまりネット上（クラウド）のフォルダかもしれません。

「デスクトップ」（Desktop）というフォルダーは特別で，このフォルダーの中身はデスクトップ画面に対応します。

ここではこれらは無視して，左側の「PC」をクリックします。よく使うフォルダー，デバイスとドライブ等が表示されますので，「デバイスとドライブ」から「C:」や「D:」などと書かれたものを探します。これらが探検の起点になります。

*13 "Explorer" は「探検者」を意味する英語です。

Windows パソコンの中の SSD（またはハードディスク），DVD ドライブ，差し込んだ USB メモリなどには，C ドライブ（C:），D ドライブ（D:），……のように順にアルファベット名が付いています*14。これらは自分のパソコンに直接つながっているもの（ローカルディスク）ですが，ネットワーク経由でつながっているネットワークドライブが Z ドライブ（Z:）などに割り当てられていることもあります。

このあとは Windows のバージョンによってもアカウントの種類によっても違います。以下は典型的な例です。

C ドライブをダブルクリックして開いてみてください。中にいくつかのフォルダーが見えます。この中に，ユーザー*15 というフォルダーがあり，その中に個々のユーザー（利用者）のための個人用フォルダーが入っています。

例えば，hoge さんの個人用フォルダーは C: → ユーザー → hoge とたどったところにあります。このフォルダーを「C:¥ユーザー¥hoge」のように ¥ で区切って書きます*16。

この個人用フォルダーの中は，どのように使ってもかまいませんが，あらかじめ「ドキュメント」(Documents)，「ダウンロード」(Downloads) などのフォルダーがあったり，OneDrive へのリンクがあったりします。この OneDrive 以外のところが，自分の SSD（またはハードディスク）です。無料で使える OneDrive の容量は限られていますので，大きいファイルは OneDrive 以外の場所に入れましょう。

個人用フォルダーに直接ファイルを入れてもいいのですが，フォルダーに分類するほうが，あとあと便利です。フォルダーを作るには，右クリックして「新規作成」→「フォルダー」を選びます。新しいフォルダー のように反転したフォルダー名が表示されますので，新しいフォルダー名（例えば「report」「work」など）を打ち込みます。フォルダー名を確定した後で変更する場合は，右クリックして「名前の変更」を選びます。同じ方法でファイル名も変更できます。

*14 C から始まるのは，昔はフロッピーディスクドライブが A と B に割り当てられていたためです。

*15 日本語環境のエクスプローラーでは「ユーザー」と表示されますが，コマンドプロンプトや PowerShell で調べると Users という名前になっています。

*16 英語環境では「ユーザー」は「Users」になります。また，区切り文字は ¥ でなく \ になります。

▶Mac のフォルダ

UNIX 系 OS（macOS や Linux など）では，実際のドライブがいくつあっても，一つの大きなドライブに見えます。C: や D: の区別はありません。USB メモリなどの外付けデバイスは Mac では /Volumes/デバイス名 というフォルダになります*17。

コンピューターの中を探検するためのソフトは，Dock の左端にある **Finder**（ファインダー）です。メインの SSD（またはハードディスク）はたいてい Macintosh HD のような名前になっています（もしこれが見えない場合は Finder の環境設定の「サイドバー」を確認してください）。この中に「ユーザ」というフォルダがあり，その中に個人ごとのフォルダ（ホームディレクトリ）があります。

つまり，Windows の C:¥ユーザー¥hoge に相当する場所は，Mac では /ユーザ/hoge（英語環境やターミナルでは /Users/hoge）です。

基本的にホームディレクトリの中はどのように使ってもかまいませんが，あらかじめ「書類」(Documents) などのフォルダが作ってあります。「デスクトップ」(Desktop) というフォルダは特別で，デスクトップ画面に対応しています。

*17 Windows でいう「ユーザー」や「フォルダー」は，Mac では「ユーザ」「フォルダ」と表記されています。

▶**Linux のフォルダー**

個人用のフォルダー（ホームディレクトリ）はどこに作ってもかまいませんが，home というフォルダーの中に作ることが多いようです。例えば hoge さんのフォルダは /home/hoge になります。

4.5 クラウドストレージの使い方

第 3 章で紹介したように，クラウドストレージ（ネット上のファイル置き場）にファイルを置いておくと，ネット接続さえあればいつでもどこでもファイルにアクセスできて便利です。OS 標準の機能やアプリを利用すると，クラウドストレージへのファイルのアップロードやファイルの削除などの操作を，エクスプローラーや Finder 上で行うことができます。ここでは Windows 上の OneDrive を例にしていますが，Mac やほかのクラウドストレージサービス（Google ドライブ，iCloud Drive，Dropbox，ownCloud など）の場合も同様です。

OneDrive アプリ*18 を起動してサインイン*19 すると，クラウド利用のための特別なフォルダ（デフォルトでは OneDrive という名前）ができます。このフォルダにファイルを入れると，自動的にクラウドストレージにもアップロードされます。ファイルを削除したり別のフォルダに移動したりすると，クラウドからも削除されます。

*18 最近の Windows ではプリインストールされています。インストールされていない場合はアプリストアなどから入手できます。

*19 OneDrive アプリでは複数のアカウントを併用できます。例えば個人用の MS アカウントと大学の Microsoft 365 アカウントとを両方設定することで，それぞれ「OneDrive - 個人用」と「OneDrive - ○○大学」といった名前の OneDrive フォルダを作成して，個人的なファイルは前者に，大学関係のファイルは後者に置くという使い分けができます。

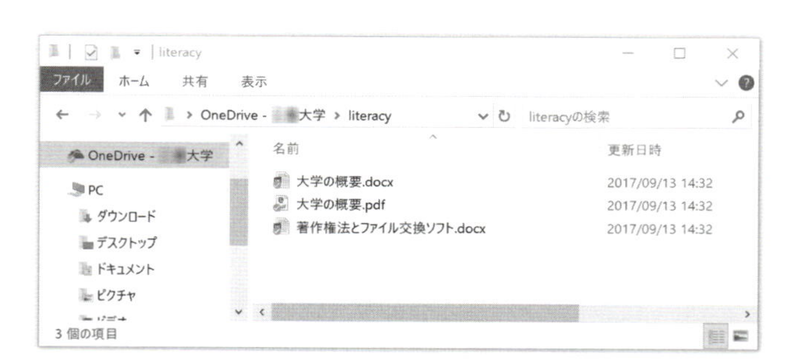

図 4.7　Windows のエクスプローラーで OneDrive フォルダの中身を表示したところ。このフォルダの中身は自動的にクラウドに同期される。

普段からファイルをクラウドに保存するようにしておけば*20，例えば学校にパソコンを持っていくのを忘れたときも，スマホや学校備え付けのパソコンからクラウド上のファイルにアクセスできます。Web ブラウザでクラウドサービスのサイト（OneDrive の場合は https://onedrive.live.com）にアクセスすると，クラウドに保存されているファイルをダウンロードしたりほかの人と共有したりできます*21。

*20 機密情報の扱いには注意しましょう。所属組織によっては，機密情報のクラウドへの保存が規則により制限されていることがあります。

*21 編集権限を付けて共有すると，共有された側の人はファイルの閲覧だけでなく編集もできます。

図 4.8　Web ブラウザ（Windows の Microsoft Edge）で OneDrive のサイトにアクセスしたところ。パソコンの OneDrive フォルダに保存したファイルが確かにアップロードされている。ファイルをダウンロードするには，ファイル名を右クリックして「ダウンロード」を選ぶ。ほかの人とファイルを共有するときは，ファイル名を右クリックして「共有」を選び，共有したい相手の名前またはメールアドレス（この例ではメールアドレス）を入力して「送信」をクリックする。

Web サイト上でファイルをアップロードすることもできます。例えば共用パソコンで作ったファイルを OneDrive にアップしておけば，移動中にスマホで内容を見直したり，自宅のパソコンで作業の続きを行ったりできます。

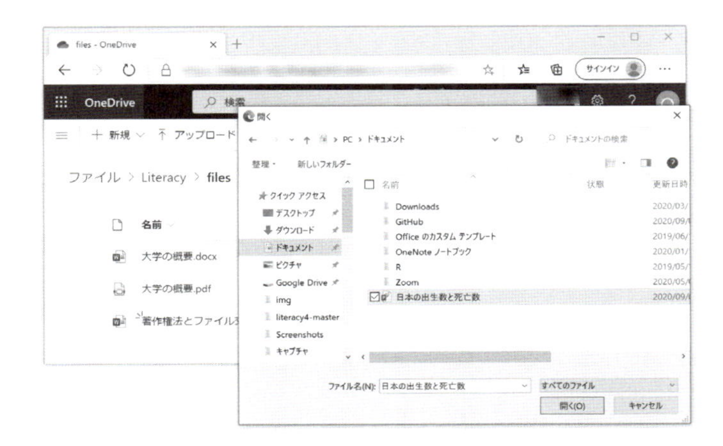

図 4.9　OneDrive のメニューの［アップロード］→［ファイル］を選び，アップしたいファイルを選ぶ。この例では「ドキュメント」フォルダの「日本の出生数と死亡数.pptx」をアップロードしようとしている。

クラウドストレージによっては，ファイルのバージョン履歴を保存する機能があり，ファイルの編集ミスがあったときなどに前のバージョンに戻せることがあります。OneDrive の場合は，OneDrive の Web サイトでファイルを右クリックして「バージョン履歴」を選択します。

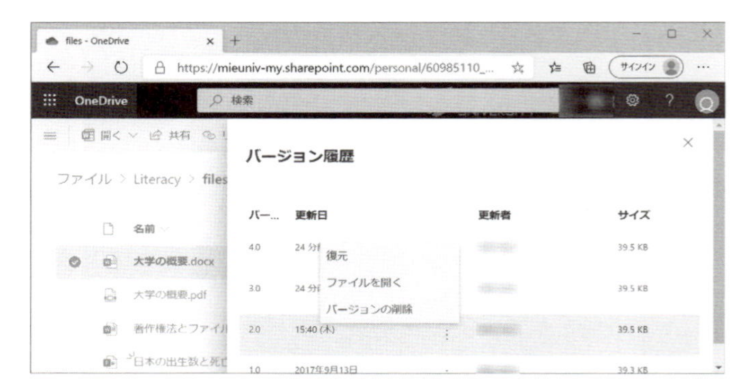

図 4.10　OneDrive に保存したファイルのバージョン履歴。履歴が残っているバージョンのファイルを開いたり，バージョンを戻すことができる。

スマホ版 OneDrive アプリでも，アップされているファイルを確認したり，ファイルを別のアプリで開いたり，ほかの人と共有したりできます。ファイルの形式によっては，OneDrive アプリ上で中身を閲覧したり編集したりできます。

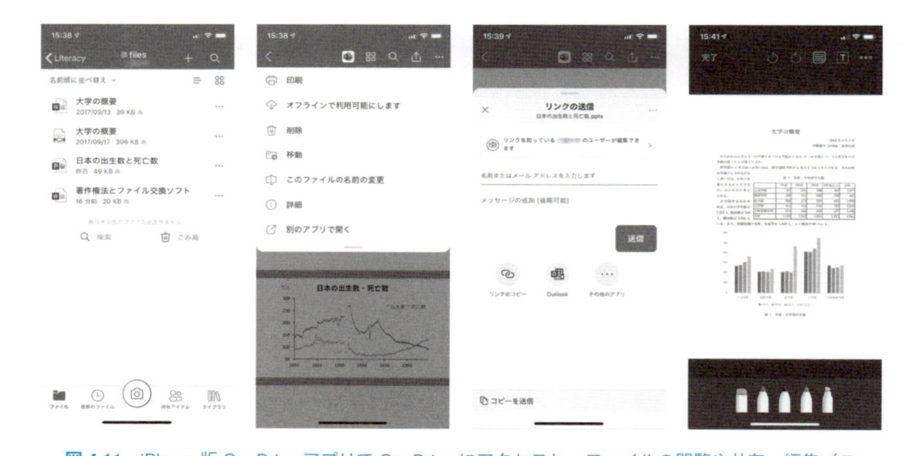

図 4.11　iPhone 版 OneDrive アプリで OneDrive にアクセスし，ファイルの閲覧や共有，編集（この例では PDF。編集後のファイルも OneDrive に保存できる）を行っているところ。ファイルを対応するアプリで開くとき（たとえば pptx ファイルを PowerPoint で開くとき）は「別のアプリで開く」を選ぶ。

クラウドストレージはファイルのバックアップ先としても使えます。ただしクラウドストレージにも不具合は発生しうる（利用者のファイルが消失する事例が実際に起きています）ので，大事なファイルは習慣的に手元の外付けハードディスクや USB メモリにもバックアップするようにしましょう。

以上は Microsoft の OneDrive を使った例でした。Mac と iPhone, iPad の場合は，iCloud を使うほうが便利です。Google にもクラウドサービスがあります。

4.6 USB メモリの使い方

ファイルの持ち運びには USB メモリ[*22] がよく使われてきました。しかし，USB メモリに個人情報を入れて持ち歩いて紛失する事故が頻繁に起きています。多くの場合，ファイルのやりとりはネット上で行うほうが安全です[*23]。最近のパソコンやスマホであれば，無線（Wi-Fi，Bluetooth，NFC など）でファイルをやりとりできる場合もあります。どうしても必要なときだけ USB メモリを利用するようにしましょう。

USB メモリは壊れやすいものです。大事なデータはパソコン・USB メモリ・クラウドサービスなどの複数に保存しましょう。

もし USB メモリが壊れたら，ダメモトで復元ソフトを試してみるか，本当に大事なデータが入っているなら，自分であれこれ試さず，信頼できる専門の業者に頼みましょう。

*22 多くの場合フラッシュメモリという半導体メモリの一種が使われており，USBフラッシュメモリとも呼ばれます。

*23 どうしても個人情報を USB メモリで持ち歩かなければならないときは，暗号化しましょう。詳細は第11章をご覧ください。

▶Windows

USB メモリを差し込むと，図の左のようなメッセージが表示されます。クリックして「フォルダーを開いてファイルを表示」を選んでください。

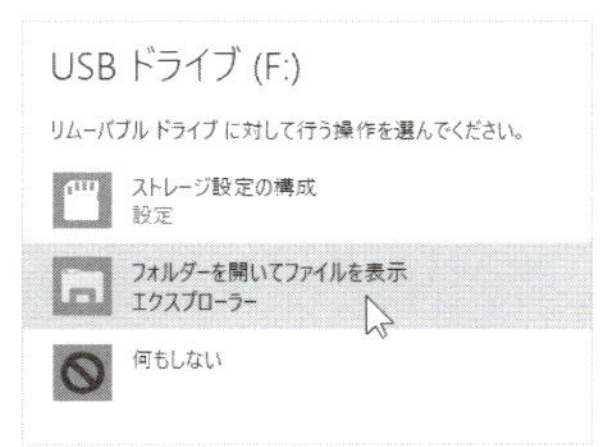

図 4.12　（左）Windows に USB メモリを差し込んだとき現れるメッセージ。これをクリック（またはタップ）する。（右）「フォルダーを開いてファイルを表示」をクリック。

上のメッセージが出なくても（見落としても），エクスプローラーの「PC」の中に表示されているはずですので，それを開きます。

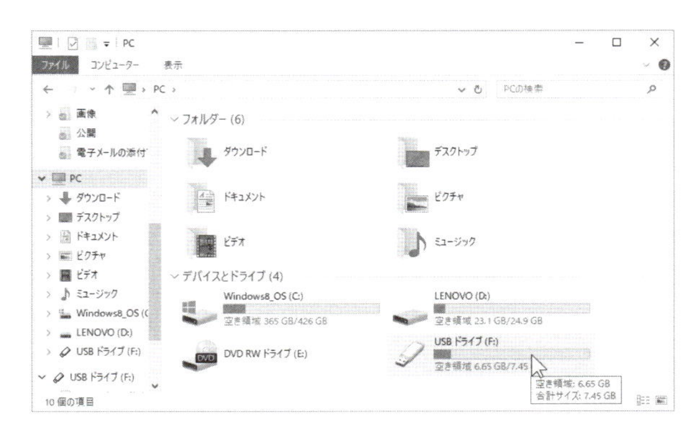

図 4.13　（左）Windows の「エクスプローラー」はデスクトップ下のタスクバーにある。（右）エクスプローラーの「PC」の「デバイスとドライブ」の中に USB メモリが表示される。

問題なのは，取り外すときです。

まずは，USB メモリの中のファイルを開いているソフトがあれば，すべて閉じてください。次に，エクスプローラーで USB メモリのアイコンを探し，右クリックして「取り出し」してください。USB メモリのアイコンが消えたら取り外せます*24。

*24 「安全な取り外し」操作をしないとUSBメモリが壊れるというわけではありません。しかし，USBメモリなどのリムーバブル（脱着式）メディアに加えた変更は，まずパソコン本体のメモリに記録され，頃合いを見て書き出されますので，取り出すタイミングが悪いと，中途半端に変更が反映された状態になってしまいます。たいていは壊れたファイルだけ上書きすれば大丈夫ですが，万一全体がおかしくなった場合，アイコンを右クリックしてメニューからフォーマットします。

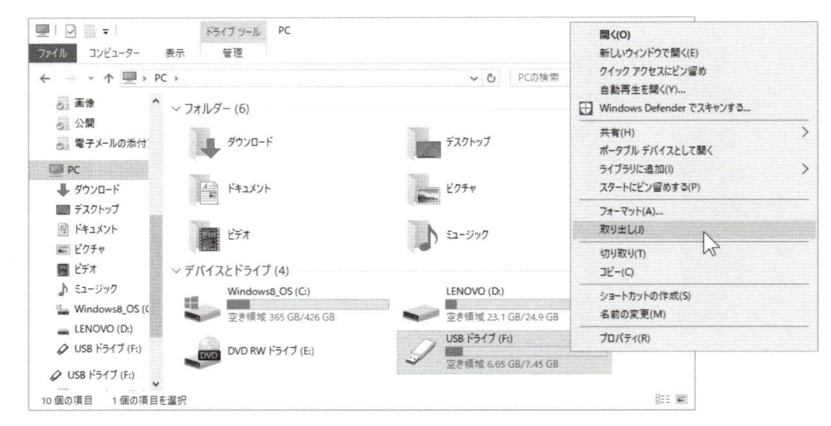

図 4.14　USB メモリのアイコンを右クリックし，「取り出し」。取り出しが成功すれば「安全に取り外すことができます」のメッセージが出る。

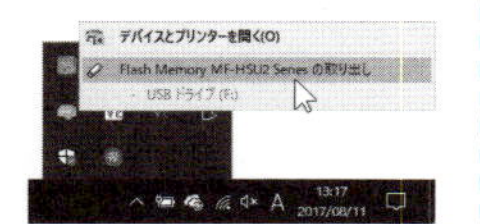

もう一つの方法として，デスクトップ下のタスクバーの▲をクリックし，左図のように USB のアイコンをクリックしても取り出せます。

▶Mac

USB メモリを差し込むと，Finder の左側の「デバイス」に， のように表示されます。これをクリックすると，中のファイル一覧が見えます。使い終わったら，先ほどのアイコンの右端にある三角マークをクリックして，アイコンが消えてから取り外します。

4.7 ファイル操作

▶ファイルのコピー・移動

ファイルをあるフォルダから別のフォルダへとコピー・移動してみましょう。ここでは OneDrive フォルダから USB メモリにコピー・移動していますが，操作方法はほかのフォルダでも同じです。

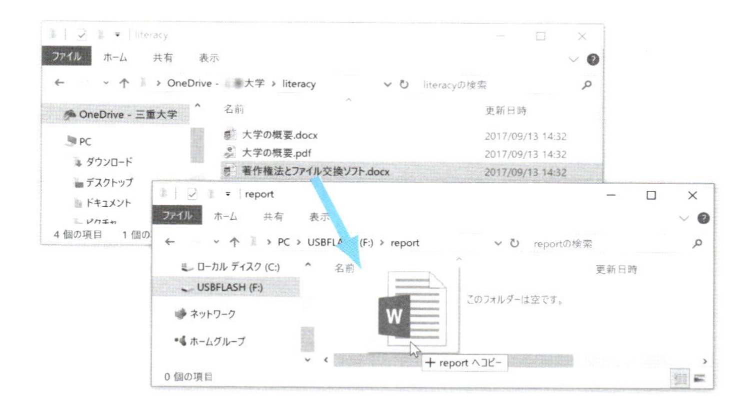

図 4.15　ファイルをドラッグ＆ドロップしてコピー・移動する。デフォルトの動作は，同じドライブ内なら移動，別のドライブ（例えば SSD から USB メモリへ）ならコピー。

上の図で示したように，アイコンをマウスで動かすことを**ドラッグ＆ドロップ**（drag and drop = 引っ張って落とす）といいます。USB メモリ（F:）とローカルディスク（C:）のように別のドライブの場合は，ドラッグ＆ドロップでコピーできます。同じドライブ（例えば両方が C: の中）の場合は，ドラッグ＆ドロップは移動になります[*25]。

同じドライブでコピーするには，Ctrl を押しながらドラッグ＆ドロップします。別のドライブで移動するには，Shift を押しながらドラッグ＆ドロップします[*26]。あるいは，次のようにマウスの右ボタンでドラッグ＆ドロップして，メニューから「ここにコピー」「ここに移動」を選びます。

*25 移動とコピーは，カーソルの脇に「＋」が表示されているかどうかで区別できます（＋があるのがコピー）。

*26 Mac では option を押しながらドラッグ＆ドロップするとコピー／移動が逆になります。

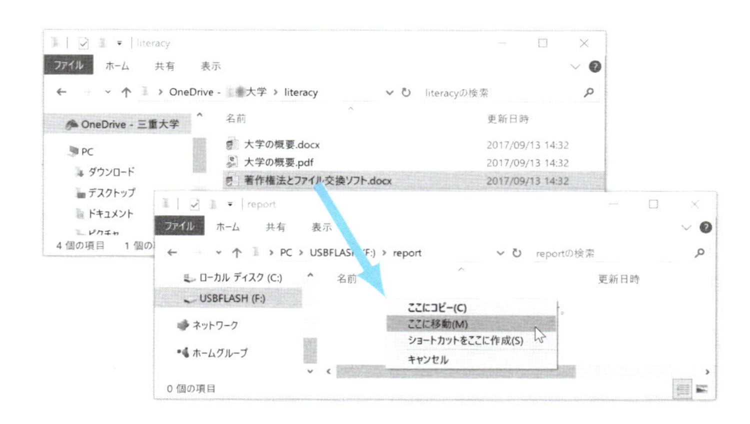

図 4.16　コピーか移動かを指定したい場合は，マウスの右ボタンでドラッグ＆ドロップする。右ボタンを離すと「ここにコピー」「ここに移動」のメニューが出るので，どちらかを選ぶ。なお，ここで「ショートカットを作成」を選ぶと，実体は元のままで，実体へのリンク（ショートカット）ができるので，実体が元の場所に存在する限り，リンクをダブルクリックして開くことができる。Mac でショートカットに当たるものはエイリアスといい，右クリックまたは control ＋クリックのメニューで作成できる。

複数のファイルを同時にコピー・移動することもできます。

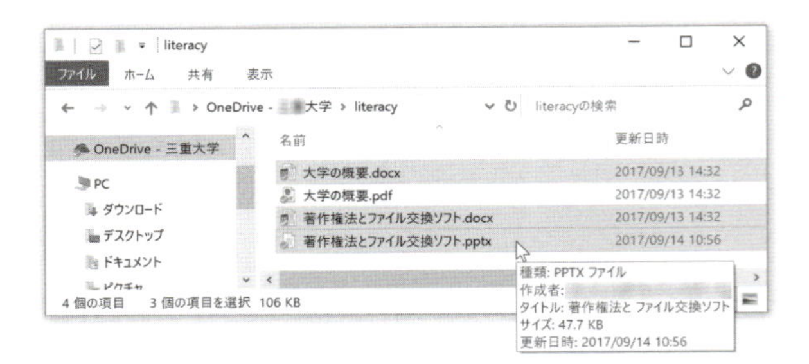

図 4.17　複数のファイルを一度にコピーまたは移動したい場合は，最初のファイルをクリックし，次のファイルからは Ctrl を押しながらクリックして選ぶ（Mac なら ⌘）。連続して並んでいるファイルを選択するには，最初のファイルをクリックし，最後のファイルを Shift + クリック。この中から特定のファイルだけ除外するには，Ctrl（Mac なら ⌘）を押しながらクリック。

▶ファイルの削除

ファイルを消すには，ファイルのアイコンを「ごみ箱」アイコンにドラッグ＆ドロップします。右クリックのメニューから「削除」を選んでも同じことです。

ファイルをごみ箱に移動しても，消えたわけではありません。ごみ箱をダブルクリックして，拾い出すことができます。

ごみ箱を右クリックして「ごみ箱を空にする」を選べば，見かけ上，ファイルが消えます。ただ，「復元ソフト」（有料のものも無料のものもあります）を使えば，消えたはずのものを元に戻せる場合があります。

5 文書作成

WRITING DOCUMENTS

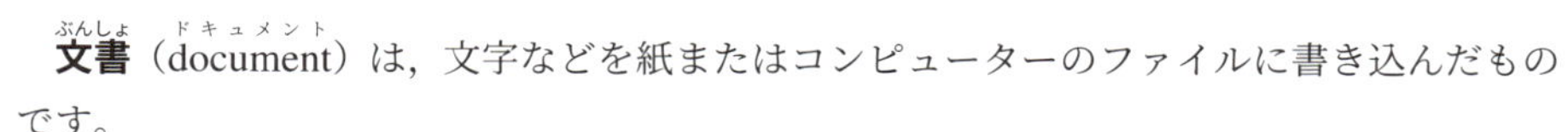

文書(ぶんしょ)（document(ドキュメント)）は，文字などを紙またはコンピューターのファイルに書き込んだものです。

ここではワープロソフトの類を使ってレポートなどの文書を作成する方法を学びます。

5.1 文書作成ソフトのいろいろ

文書ファイルというと，ワープロソフトで作ったファイルを指すことが多いのですが，「メモ帳」などで作ったテキストファイルや，後で述べる PDF ファイル，Excel や PowerPoint で作ったファイルも，文書ファイルの仲間です。

ワープロは word processor(ワード プロセッサー) を略したことばです。もともとは文字を並べて文書を作成するための機械でしたが，今ではパソコン用のワープロソフトを指すのが普通です。

日本ではジャストシステムの**一太郎**(いちたろう)というワープロソフトが広く使われていた時代がありましたが，その後，Microsoft(マイクロソフト) の **Word**(ワード) が市場をほぼ独占するようになります。

ワープロソフトは，表計算ソフトやプレゼンテーションソフトとセットにして，**オフィススイート**（suite(スイート) = 一組のソフトウェア）として販売されるようになりました。代表的なものが Microsoft の Word，Excel，PowerPoint を含む **Office**(オフィス) です。もっと廉価なものや，無料の **OpenOffice**(オープンオフィス)，**LibreOffice**(リブレオフィス) も登場しました。Apple(アップル) はワープロソフト **Pages**(ページズ) を含むオフィススイート **iWork**(アイワーク) を Mac や iPhone，iPad の購入者に無料で提供しています。Microsoft もスマホ・小画面のタブレット用の Office スイートを無料で提供するようになりました。

最近では，オフィススイートは，ネット上の（いわゆる**クラウド**型の）サービスへと変化しつつあります。Google は，Web ベースの無料のオフィススイート **Google ドキュメント**をベースとしたサブスクリプション（課金）型の **Google Workspace**(グーグルワークスペース)（旧称 **G Suite**(ジースイート)）を提供しています。Microsoft も Office Online という同様な無料サービスを提供する一方で，パソコンにインストールして使う従来の買い取り型のソフトも，月額課金でつねに最新版が使えるサブスクリプション型の **Microsoft 365**(マイクロソフトさんろくご)（旧称 Office 365）に移行しつつあります。Microsoft アカウントを持っていれば無料で使える Web 版 Office もあります（商用利用には使えません）。

5.2 Wordの起動

タスクバーかデスクトップに Word のアイコンがあればそれを（ダブル）クリックします。なければ，「ここに入力して検索」に「Word」と打ち込んで検索します*1。

*1 MacではDockの「W」の文字がついているアイコンまたはFinder→アプリケーション→Microsoft Wordです。

起動したら，「白紙の文書」を選択し，適当なことばを書き込んで，マウスで範囲を選択し，フォント（書体とサイズ）をいろいろ変えてみましょう。また，[**B**]（ボールド＝太字）ボタンや［*I*］（イタリック・斜体）ボタンも試してみましょう。

図 5.1　Windows 10 で Word を起動していろいろなフォントを使ってみたところ。Mac 版の Word でも機能はほぼ同じ。文字を書く部分の拡大・縮小は，右下のスライダーでできるほか，ホイールマウスがあれば，Ctrl を押さえながらホイールを回してもできる。ノートパソコンなどで画面が狭い場合は，リボンを右クリックし「リボンを折りたたむ」，または右上の「リボンの表示オプション」でリボンを隠す。ところどころに波線が付くが，これは辞書にない語や文法的におかしいと Word が判断した箇所で，ここでは気にしなくてよい。

5.3 Wordでレポート作成

図 5.2（次ページ）のようなレポートを書いてみましょう*2。

*2 以下で説明する手順は，一例です。これ以外の手順で同じ文書を作ることもできます。

あらかじめ用紙設定を済ませておきます。最初は A4 判（エーよんはん）（210 mm × 297 mm），縦置きに設定されていますので，特に指定がなければこのままでいいでしょう。もし変更するなら，「レイアウト」タブの中の「サイズ」「印刷の向き」などで設定します。

著作権法とファイル交換ソフト

2021 年 4 月 1 日
学籍番号 123456　技評太郎

1　はじめに

著作物に対する著作者の権利は著作権法で保護されている。一方で、ファイル交換ソフトなどを使って他人の著作権を侵害する人も多い。

そこで、ファイル交換について著作権法でどのように扱われているかを調べてみた。

2　著作権と著作者人格権

著作権法によれば、著作者の権利には次の二つがある。

- 狭い意味での著作権
- 著作者人格権

前者は譲渡できるが、後者は「著作者の一身に専属し、譲渡することができない」とされている（著作権法第 59 条）。

3　私的使用のための複製

著作権法第 30 条によれば、

> 著作権の目的となつている著作物（以下この款において単に「著作物」という。）は、個人的に又は家庭内その他これに準ずる限られた範囲内において使用すること（以下「私的使用」という。）を目的とするときは、次に掲げる場合を除き、その使用する者が複製することができる。

と定められている。

……略……

参考文献

[1] 著作権法 https://elaws.e-gov.go.jp/search/elawsSearch/elaws_search/lsg0500/detail?lawId=345AC0000000048
[2] 奥村晴彦，森本尚之『基礎からわかる情報リテラシー』第 4 版（技術評論社、2020 年）

1 ←― ページ番号（1ページだけなら不要）

図 5.2　ここで作成するレポート例。

▶文章の入力

ここではレイアウト等を考えずに，最初の部分だけでも文章をざっと入力し，あとから体裁を考えることにします。番号や箇条書きの印は，あとで自動で付ける方法を勉強しますので，今は入力しません。

段落の頭は，全角 1 文字だけ下げます。これは最初に行ってもかまいません（下の例では後で行っています）。

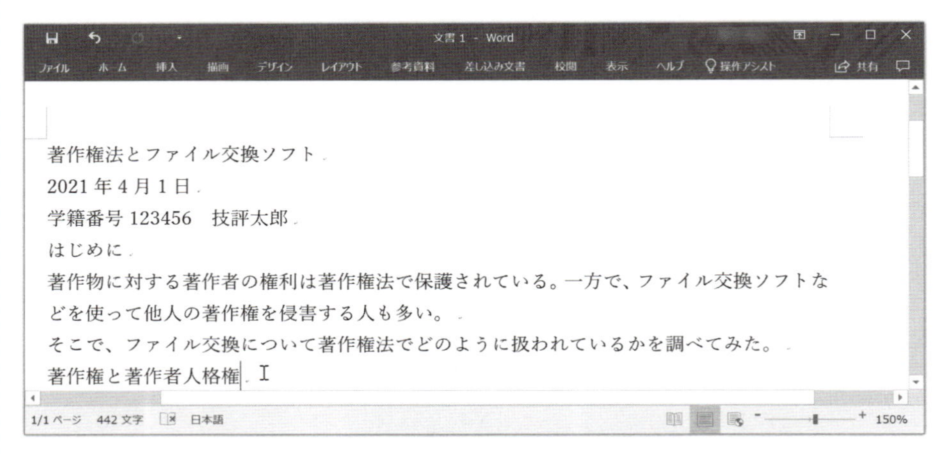

図 5.3　まずは最初だけでもざっと入力する。

▶保存

途中ですが，思わぬミスに備えて，保存しておきましょう。［ファイル］→［名前を付けて保存］です。Ctrl + S でも保存できます*3。ファイル名は何でもかまいません。例えば「著作権法とファイル交換ソフト」としたなら，拡張子 docx が自動追加されて「著作権法とファイル交換ソフト.docx」がファイル名になります*4。保存する場所は，クラウド（OneDrive，iCloud Drive，Google ドライブなど）の「ドキュメント」（「書類」）フォルダー，あるいは自分のパソコンの中の同様な場所にします。保存した場所を忘れないようにしましょう。

*3 Mac では ⌘ + S でも保存できます。

*4 拡張子を表示する設定（149ページ）をしていない場合は，拡張子が見えないかもしれません。

これ以降の Ctrl + S は上書き保存になります。事故で入力内容が失われるのを避けるため，ときどき上書き保存しましょう。

もっとも，通常は自動保存が設定されていますので，事故が起きても，ある程度の回復が可能です。自動保存の間隔は［ファイル］→［オプション］→［保存］で設定できます。

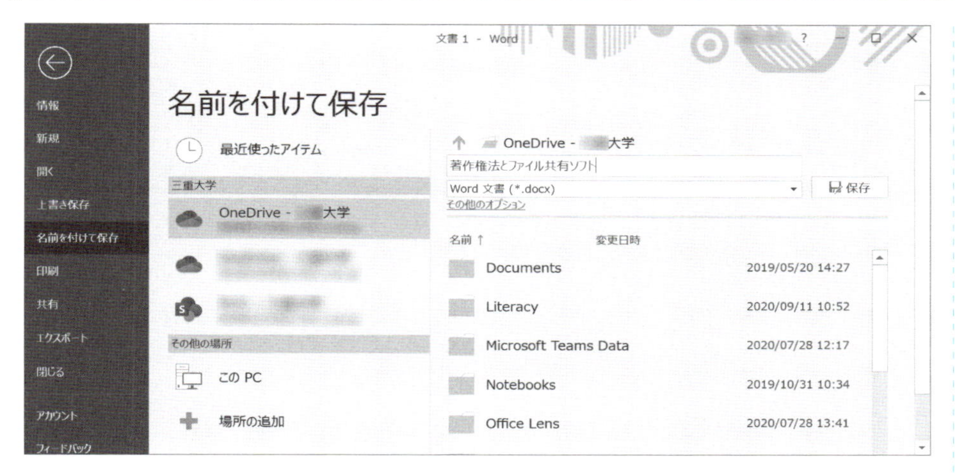

図 5.4　［ファイル］→［名前を付けて保存］。

▶タイトルの体裁

入力した文字列から，タイトル「著作権法とファイル交換ソフト」をマウスで選択し，タイトルの体裁を設定します。

まずは［中央揃え］ボタンを押してタイトルを中央揃えにします*5。

*5 中央揃えするだけなら，タイトル全体を選択しなくても，その行のどこかにカーソルを置いておくだけで十分です。

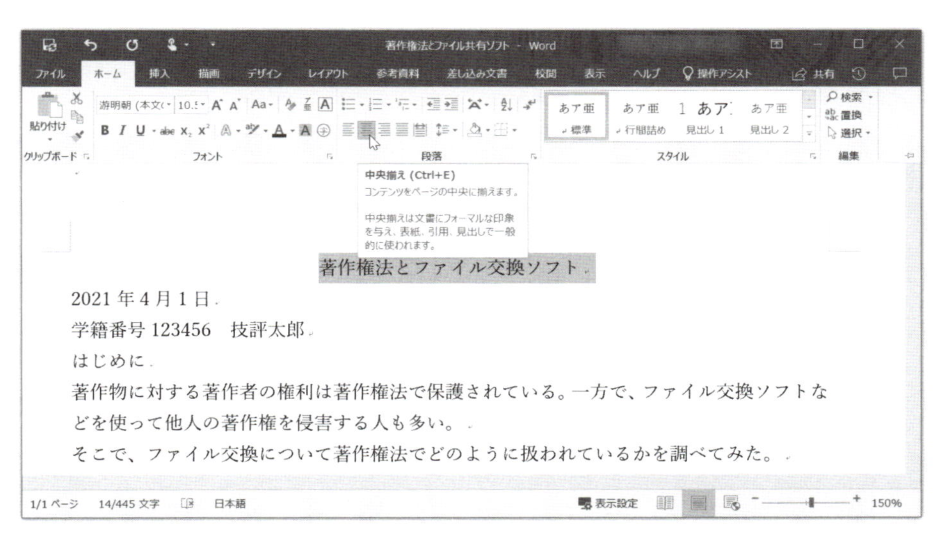

図 5.5　タイトル「著作権法とファイル交換ソフト」を中央揃えにする。

次に，タイトルの文字サイズを変更します。タイトル全体が選択された状態で，ドロップダウンリストからサイズを指定します*6。

*6 ここではタイトルに本文と同じ明朝体を使いましたが，ゴシック体にする流儀もあります。

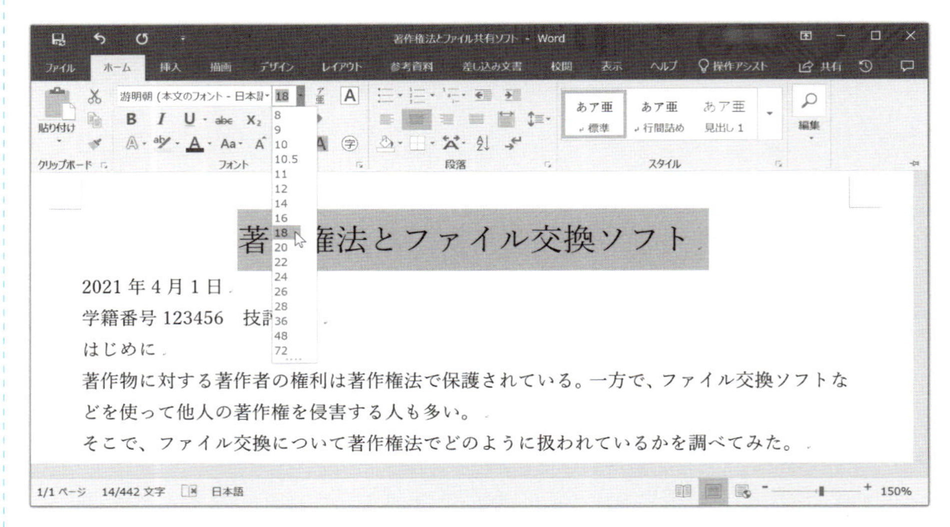

図 5.6　タイトルの文字サイズを少し大きくする。

▶日付・著者名の体裁

次に，日付と著者名の体裁を整えましょう。2〜3 行目を範囲選択し，［右揃え］ボタンをクリックします*7。

*7 範囲選択は全体でなくても，2〜3行目の一部にかかっているだけでかまいません。なお，日付・著者名を中央揃えする流儀も広く行われています。

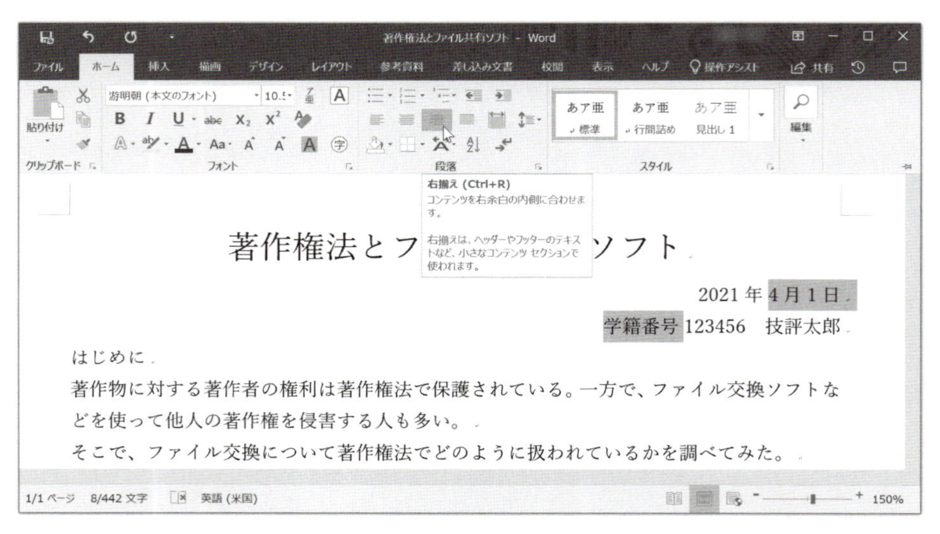

図 5.7　右揃えにする。

▶見出しの設定

続いて「はじめに」などの見出しを設定します。

一つ一つの見出しごとにフォントなどを個別に設定するのではなく，**スタイル**を使うのが，正しい方法です。見出しスタイルを使うと，自動的に番号を付けたり，自動的に目次を作ったりできます。見出しの体裁を変更したいときは，スタイルを変更するだけで，全部の見出しが変更できます*8。

まず，4 行目の見出し「はじめに」にカーソルがある状態で，スタイルの「見出し 1」をクリックします。すると，本文より少し大きめの見出し用フォント（游ゴシック Light）になります。左側に付く小さな黒い正方形は，スタイルが適用されたという印で，印刷はされません。

*8 見出しにスタイルを使えば，PDF で保存する場合にも，タグ付き PDF になり，各項目に簡単にアクセスできるようになります。

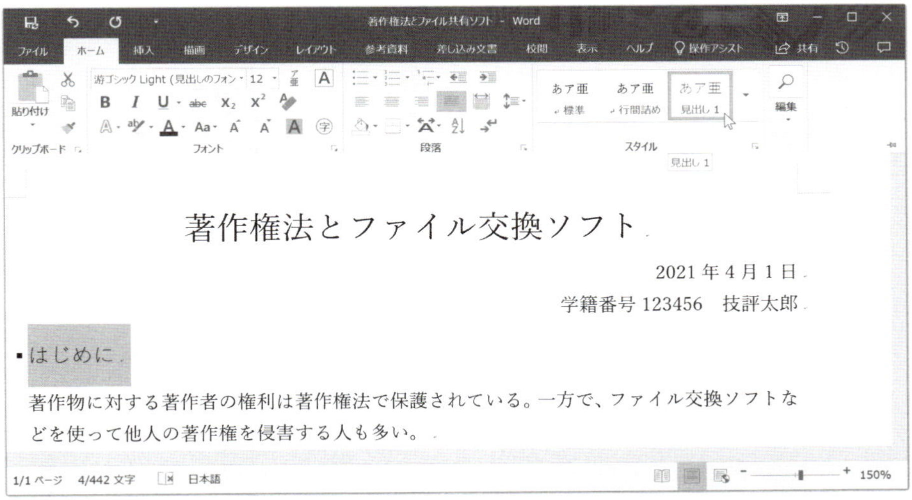

図 5.8　「はじめに」をクリックまたは選択し，スタイル「見出し 1」をクリック。

しかし，Word の「見出し 1」スタイルの初期設定では，見出しがあまり目立ちませんし，番号もつきません。そこで，スタイルの設定を変更しましょう。

スタイル「見出し 1」ボタンを右クリックして「変更」を選びます。

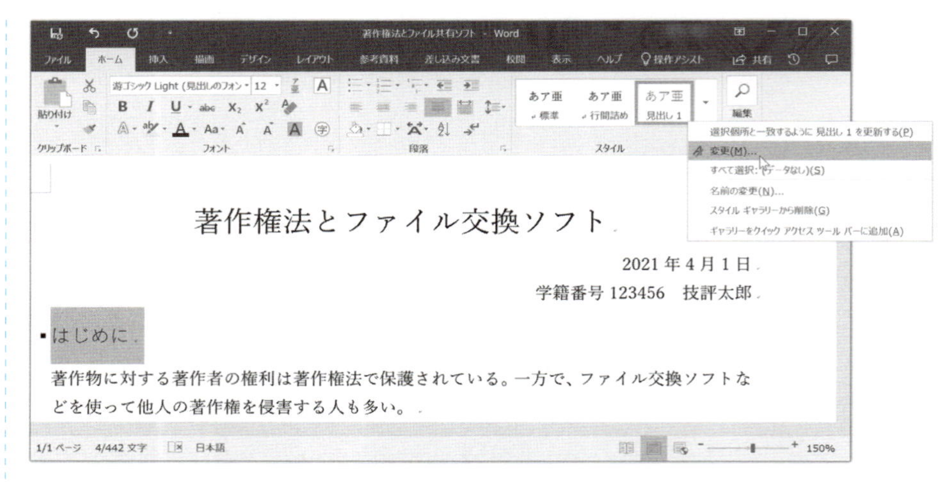

図 5.9　スタイルの「見出し 1」を右クリックして「変更」を選ぶ。

「スタイルの変更」が現れます。ここでは游ゴシック Medium の 14 ポイントに変更します*9。

*9 より太いフォントが好みなら，「游ゴシック Bold」にします。Windows 版 Word では「游ゴシック Bold」はメニューに出ないのですが，「游ゴシック」とだけ書いてあるフォント（正確な名前は「游ゴシック Regular」）を選んで［B］をクリックすれば「游ゴシック Bold」になります。

図 5.10　游ゴシック Medium の 14 ポイントに変更。なお，ここでは使わないが，「見出し 2」も游ゴシック Medium の 12 ポイントに変更するとよい。

番号を自動で付けるために「アウトライン」→「新しいアウトラインの定義」をクリックします。

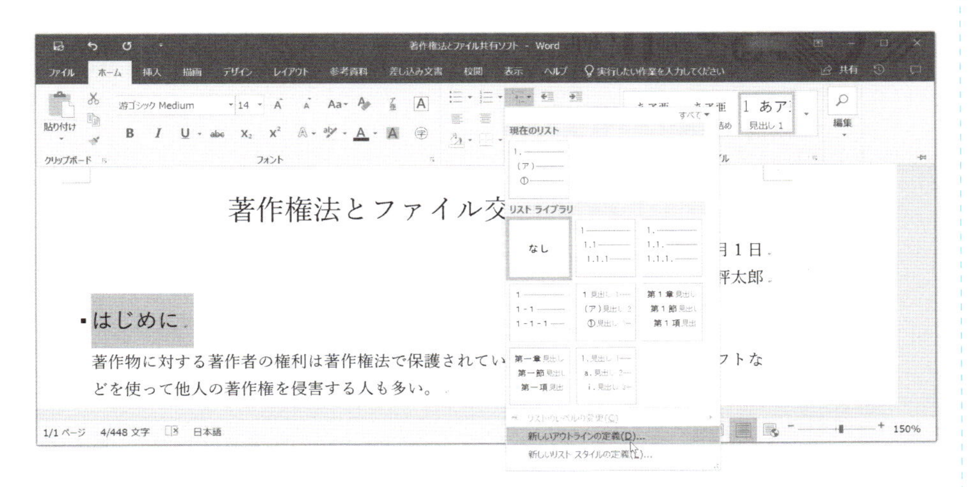

図 5.11　「アウトライン」→「新しいアウトラインの定義」。

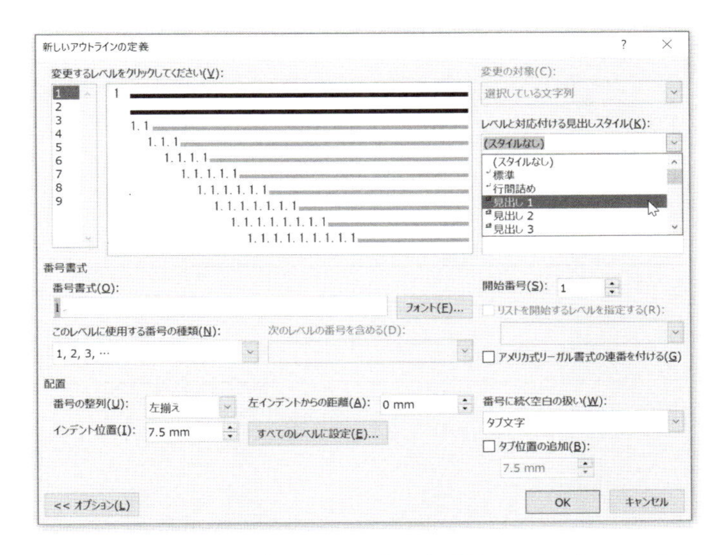

図 5.12　「新しいアウトラインの定義」で，レベル「1」を「見出し 1」に。［フォント］は，日本語用・英数字用ともに，見出しと同じフォント（游ゴシック Medium）にするとよい。なお，ここでは使わないが，レベル「2」を「見出し 2」にすると，多レベルの見出しが使える。

「新しいアウトラインの定義」で，もし図 5.12 のようにならなかったら，左下のボタン（［オプション（M）>> ］または［v］）をクリックしてください。そして，左上で変更するレベル「1」が選ばれている状態で，その右の「レベルと対応付ける見出しスタイル」を

「見出し 1」にします。

これで「はじめに」の先頭に「1」という番号が付きました。

同様に，次の見出しの行「著作権と著作者人格権」をクリックし，「見出し 1」をクリックすると，さきほどとまったく同じ体裁の見出しになり，番号も自動的に「2」が付きます。このように，文書全体にわたって体裁を統一できるのがスタイルの利点の一つです*10。

*10 表示を「アウトライン」モードにすると，スタイルによって設定された文書の論理的構造がさらに把握しやすくなります。

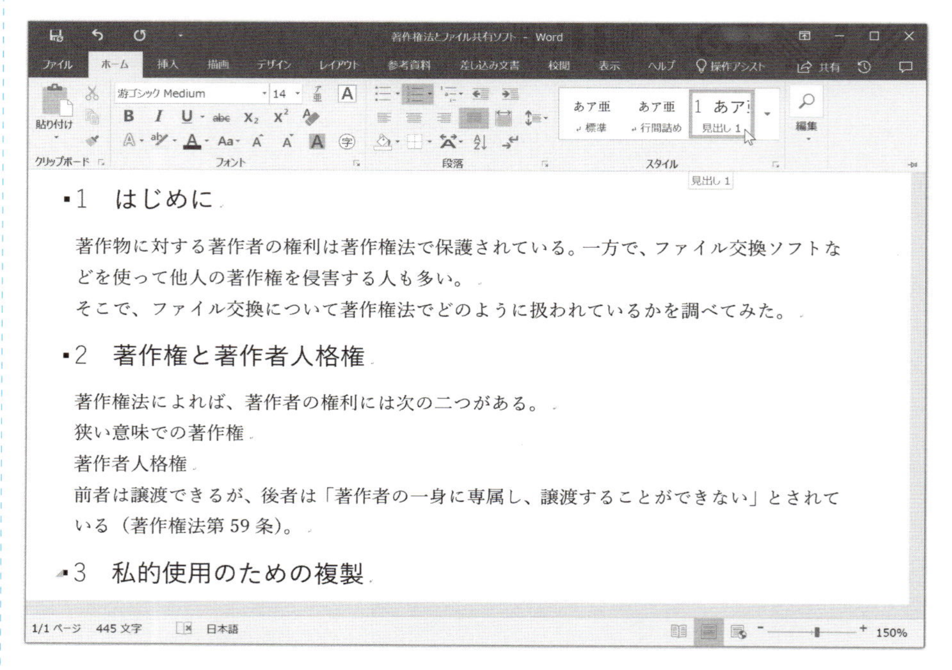

図 5.13　番号が自動で付いた。

▶箇条書き

続いて箇条書きに挑戦してみましょう。「狭い意味での著作権」「著作者人格権」の二行をまたいで範囲選択し，［箇条書き］ボタンをクリックします。箇条書きのスタイルになりますが、●が異様に大きいのが気になります。［箇条書き］ボタンの横の▼をクリックするとメニューが表示されるので，「新しい行頭文字の定義...」をクリックします。

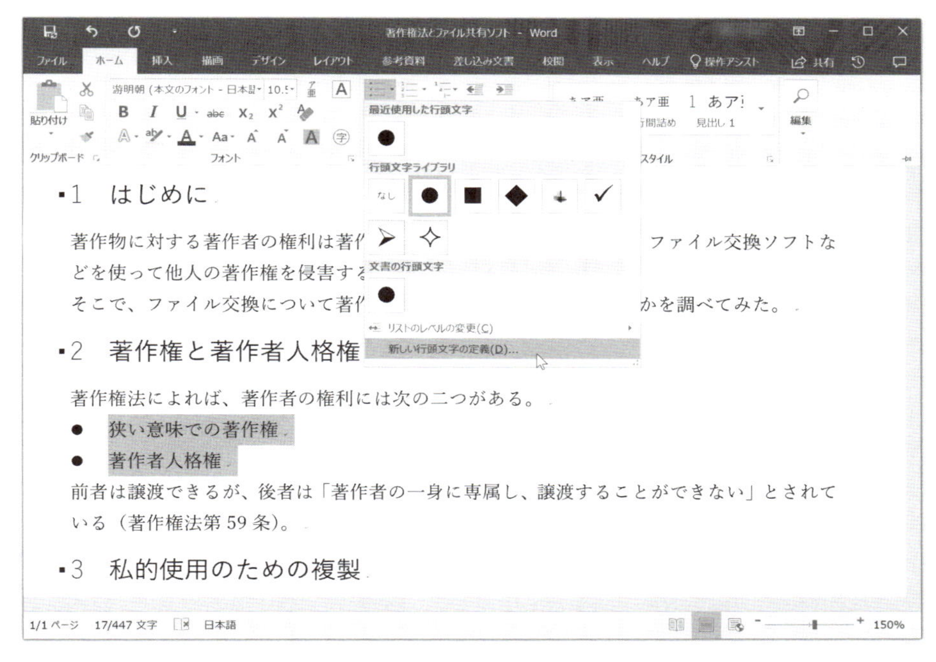

図 5.14　箇条書きを指定後，「新しい行頭文字の定義」を行う。

続いて表示されるダイアログボックスで［記号...］ボタンをクリックすると，記号の一覧が表示されますので，小さめの丸印を選択し，［OK］をクリックします。

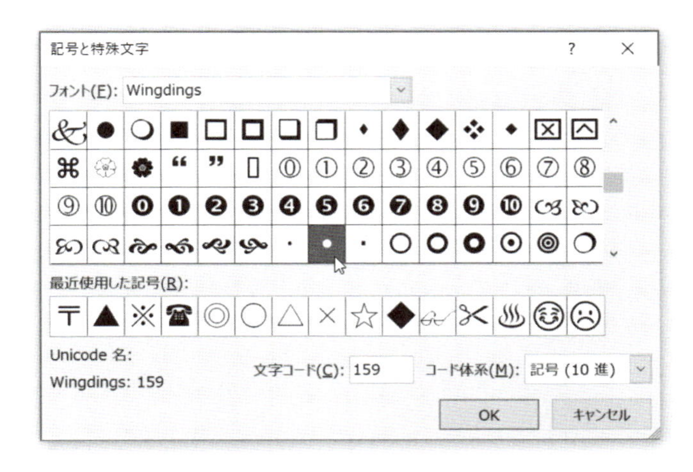

図 5.15　行頭文字の変更。

これで行頭の●は小さくなりました。もうちょっと左の余白を増やしたいので，［インデントを増やす］ボタンをクリックします*11。

*11 もっと細かい調整は，段落の書式設定でできます。

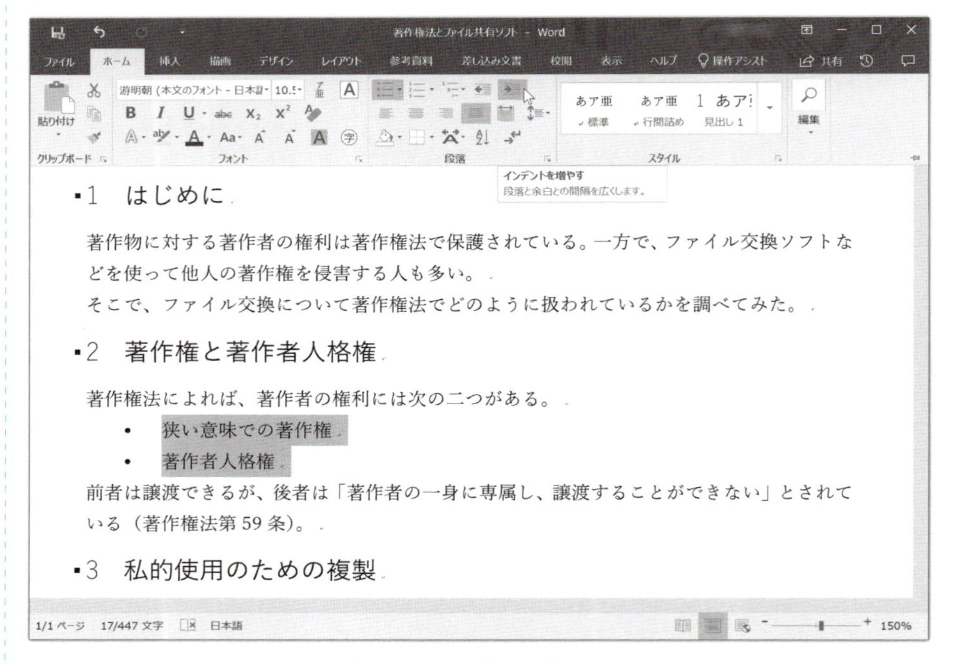

図 5.16　インデントを増やす。

▶引用文

ほかの人のことばをそのまま紹介することを**引用**といいます。引用は著作権法で認められた行為ですが，いくつかの注意が必要です（☞ 162 ページ）。図 5.16 の下から 2 行目「著作者の一身に専属し、譲渡することができない」は引用文なので，引用符「」で囲み，すぐ近くに括弧書きでどこから引用したか（著作権法第 59 条）を示しています。

もう少し下の「著作権法第 30 条によれば」の後も引用文です。このような長い引用文のときは，前後で改行し，インデントする（左余白を増やす）のが一般的です。それには，この段落にカーソルを置いて［インデントを増やす］ボタンを数回押してもいいのですが，ここでは「引用文」スタイルを選んでみましょう。ところが，残念ながら文字が斜めになってしまいます。

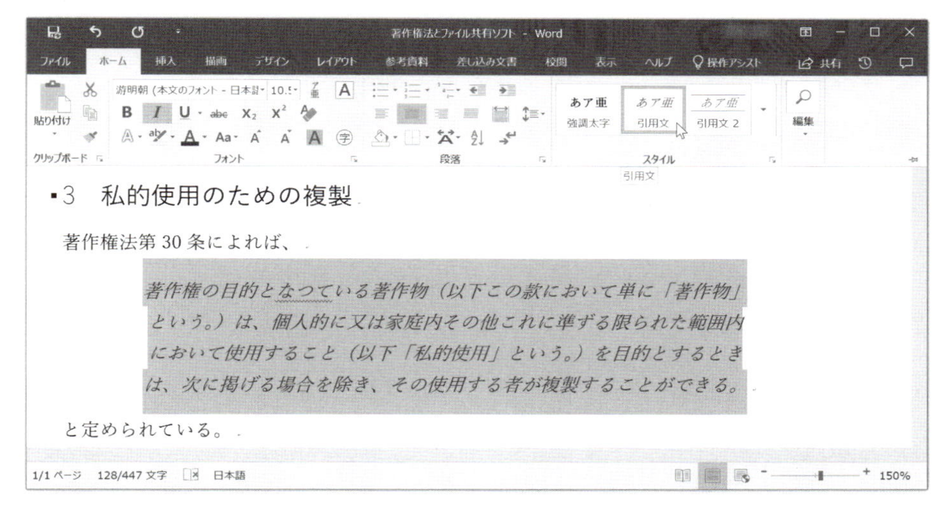

図 5.17　「引用」スタイルを適用すると文字が斜めになってしまった。

そこで「引用」スタイルを変更しましょう。見出しのスタイル変更と同じようにスタイルを右クリックし，変更を選択します。

「スタイルの変更」ダイアログボックスが現れますので，まず文字を斜めにする［*I*］ボタンをクリックして解除します。次に左下の［書式］ボタンから「段落」を選びます。配置を「両端揃え」に，左インデントを「3 字」，右インデントを「0 字」に，段落前・段落後の間隔を「0.5 行」に設定します。これでほぼお手本通りになりました。

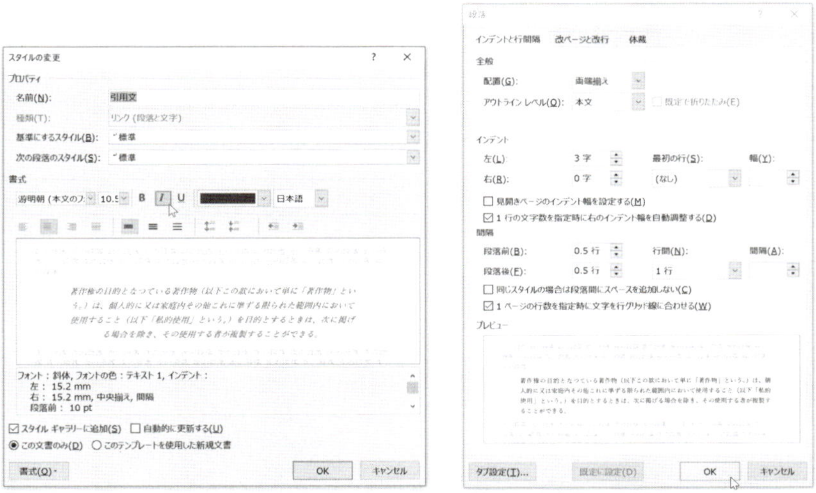

図 5.18　引用の書式の設定。

▶参考文献

最後に参考にした本や Web ページのリストを載せるのがレポートや論文の決まりごとになっています*12。

*12 分野によっては脚注を使います。脚注の挿入は，「参考資料」のメニューで行います。

「参考文献」という行にカーソルを置いて，スタイルの「見出し 1」をクリックすると，さきほど付けるように設定した番号が付いてしまいます。「参考文献」という見出しには番号を付けないのが普通なので，ここでは番号だけ BackSpace キーで消します。

参考文献リストに番号を付けましょう。リスト全体を選択して，［箇条書き］ボタンのすぐ右の［段落番号］ボタンの右側の▼をクリックして，「番号ライブラリ」からここでは [1] [2] [3] のタイプを選びます。最後に［インデントを増やす］ボタンを 1 回押して位置を調節します。

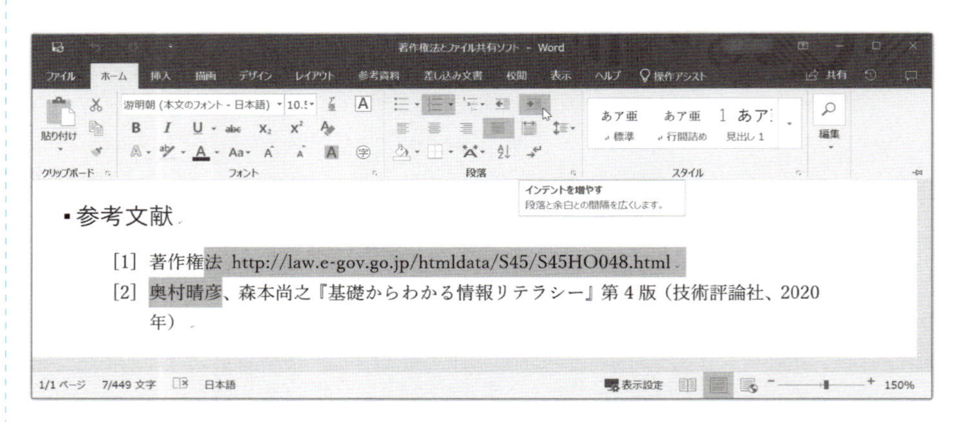

図 5.19　参考文献リストの見出しと番号付け。

▶段落の頭を字下げする

仕上がり例（61 ページ）と比べて，全体を見直します。段落の頭（この例では 5 箇所）が下がっていませんので，全角 1 文字分，下げましょう。段落に分かれていない引用文の頭は，下げても下げなくてもかまいません。それ以外の細かいところは，使用したソフトの設定によりますので，仕上がり例と違ってもかまいません。

▶ページ番号

最後に，ページ番号*13 が自動で付くようにします。「挿入」タブの「ページ番号」で，ここではページ下部中央に入れます。

*13 ページ番号を**ノンブル**と呼ぶことがあります。ノンブルは number のフランス語 nombre に由来します。

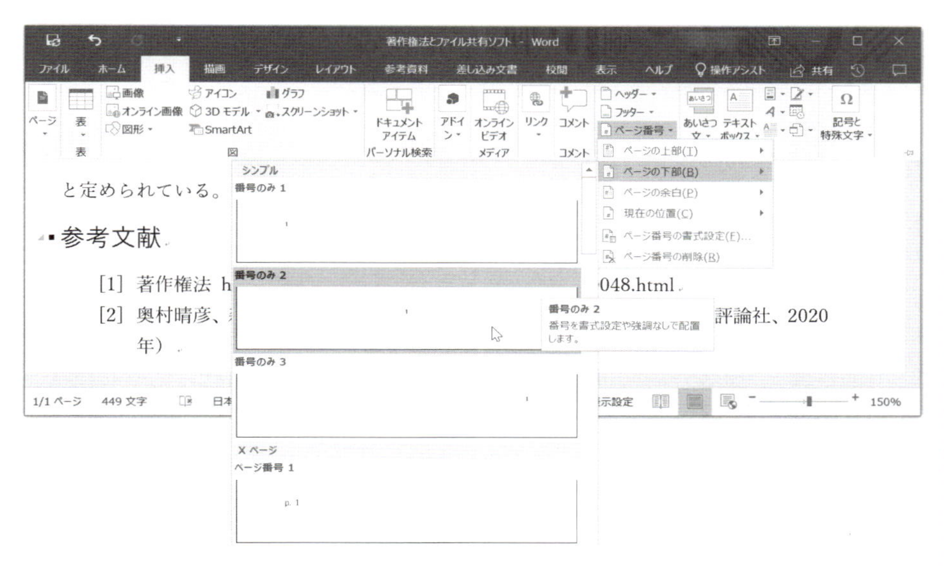

図 5.20　ページ番号の指定。

次の図のようなヘッダー／フッターツールが表示されるので，必要に応じてさらに編集し，［ヘッダーとフッターを閉じる］をクリックします。

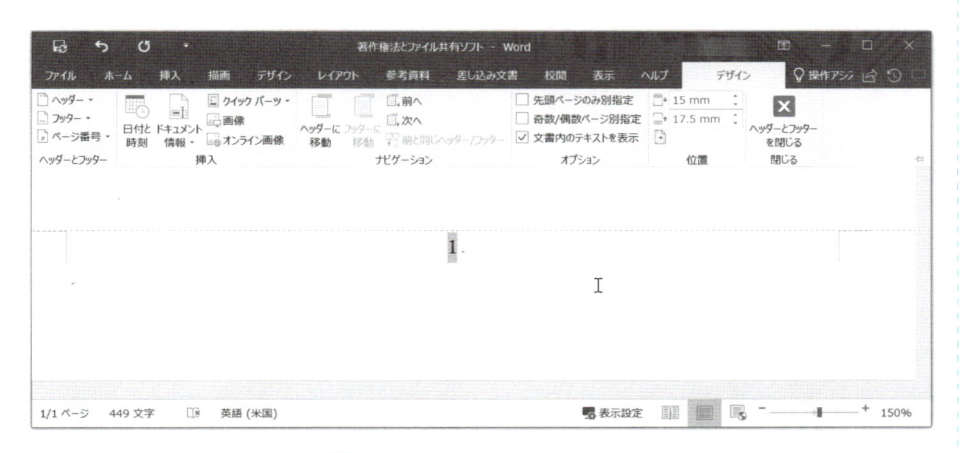

図 5.21　ヘッダー／フッターツール。

▶印刷

プリンターがある場合は，印刷のテストをしてみましょう。［ファイル］→「印刷」で，まずは右側のプレビュー画面をチェックしましょう。特に，ページ番号がちゃんと付いているか確認します。

プリンターが正しく選ばれていることを確認し，［印刷］ボタンを押します。すぐに紙が出てこなくても，何度も［印刷］ボタンを押すと，後でたくさん出てきて困ることになります。特に，ネットワークプリンタの場合は，時間がかかりますので，しばらく待ちましょう。コンピューターは，よほどのことがない限り，1 度試して駄目だったら，2 度試しても同じです。

▶プロパティのチェック

Word ファイルに限らず，文書ファイルにはタイトル，作成者名・会社名・作成日などの**メタデータ**（文書についての情報）が付けられます。これらは役に立つ情報ですが，ファイルを外部公開した際に，内部情報の漏洩になることもあります。

メタデータは，Word であれば［ファイル］タブをクリックして［情報］を選び，右側の［プロパティ］で表示・変更できます。この一番下にある［プロパティをすべて表示］をクリックすれば，さらに詳しい情報が現れます。また，［ドキュメント検査］でチェック・一括削除できます。メタデータは，アプリケーション（この場合は Word）がなくても，エクスプローラーでファイル名を右クリックして［プロパティ］→［詳細］でも調べたり削除したりできます。

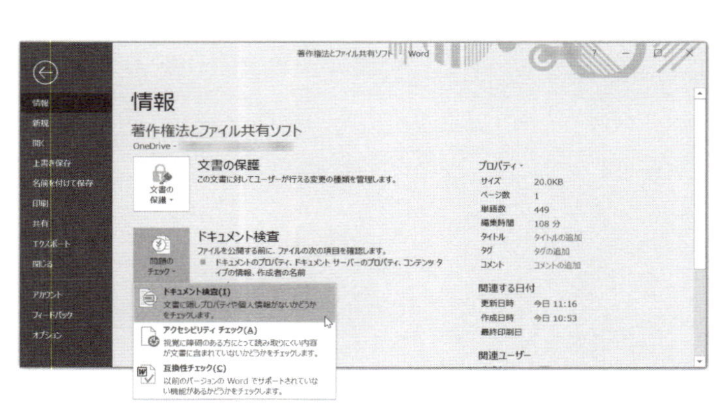

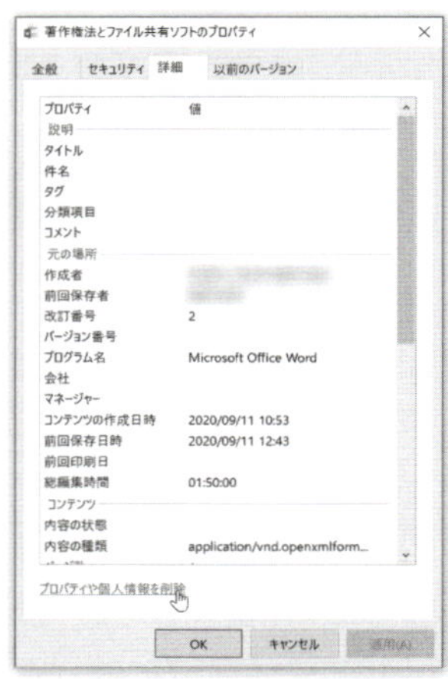

図 5.22　メタデータ（プロパティ）の検査・削除。

▶挑戦課題

時間的余裕があったら，次のことをしてみましょう。やりかたはヘルプで調べてください。

① 難しい漢字にルビ（振り仮名）を振ってみましょう。

② 見出しにスタイルを使った場合は，自動的に目次が挿入できます。やってみましょう。

③「見出し 1」には番号が自動的に付くようになりました。さらに「見出し 2」を含むレポートを書いてみましょう。

1　はじめに	←見出し 1
2　著作権と著作者人格権	←見出し 1
2.1　著作権	←見出し 2
2.2　著作者人格権	←見出し 2
3　私的使用のための複製	←見出し 1
3.1　私的使用とは	←見出し 2
3.2　私的使用とならない例	←見出し 2

5.4 Word を使う際のヒント

▶スマホ版 Word の活用

パソコンが手元にないときやノートパソコンを広げられない場所にいるときでも，スマホがあれば，スマホ版 Word を使って文書を編集することができます。文書のすべてをスマホで書くのは難しくても，パソコンで作った文書の内容チェックや小さな修正なら簡単にできます。また，移動中に思いついたことをスマホで下書きしておき，家や学校に着いてからパソコンで内容を練り上げることもできるでしょう。紛失のおそれがある USB メモリを持ち歩かなくても，OneDrive などのクラウド上に文書ファイルを置いておけば，ネットが使えさえすればいつでもどこでもファイルにアクセスできます。

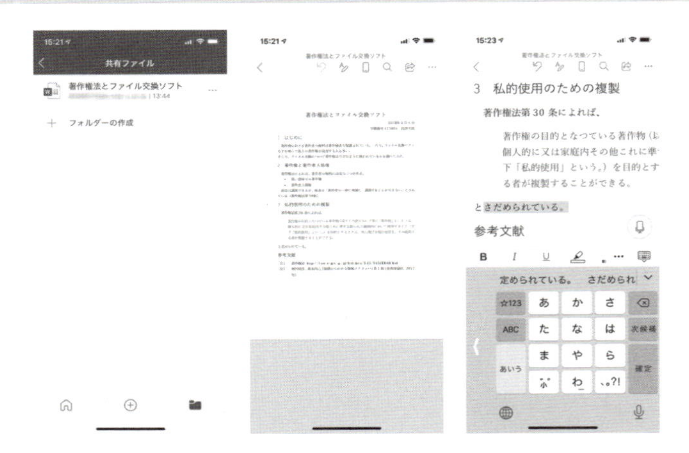

図 5.23　iPhone 版 Word を用いた文書の編集。この例では，パソコンからクラウド（OneDrive）にアップロードしておいたファイルを iPhone 版 Word で開いて編集している。編集後のファイルもクラウド上に保存できる。

▶共有されたファイルへのアクセス

第 4 章では，ファイルを OneDrive に置いてほかの人に共有する方法を扱いました。ここでは立場を変えて，ほかの人から OneDrive で共有された Word ファイルにアクセスする方法の例を紹介します[*14]。

OneDrive のサイト https://onedrive.live.com でサインインして「共有」をクリックすると，ほかの人から共有されているファイルの一覧が出てきます。Word ファイルを右クリックして，メニューから「アプリ（Word）で開く」を選ぶと，Word アプリが起動してファイルが開かれます[*15]。編集権限付きで共有されている場合はファイルを編集できます。その際，編集内容は OneDrive 上のファイルにそのまま反映されるので，共有元の人に別途ファイルを送る必要はありません。

*14 この例では学校や会社でもらう Microsoft 365 アカウントを使っています。個人の Microsoft アカウントの場合は，手順や画面などが異なる場合があります。

*15 Word Online（ブラウザー版Word）で開くこともできます。

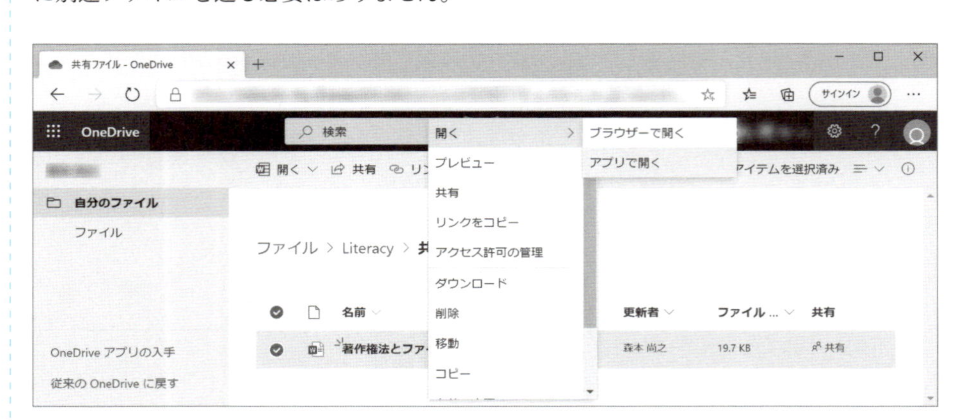

図 5.24　OneDrive で共有された Word ファイルへのアクセス（例）。

▶どんなフォントを使うか

昔の Windows の Office では，可もなく不可もない「MS 明朝」「MS ゴシック」「MS P 明朝」「MS P ゴシック」が，標準フォントとしてずっと使われてきました。また，適当な太字フォントがないため，子どもの運動会のお知らせのような「HG 創英角ポップ体」が多用され，Mac のフォントに比べて素人っぽさを感じさせていました。

しかし，Windows 8.1 からは「游明朝」「游ゴシック」が採用され，Office 2016 では標準フォントとして使われるようになりました[*16]。

一方，Mac では美しい「ヒラギノ明朝」「ヒラギノ角ゴシック」「ヒラギノ丸ゴシック」が標準フォントでしたが，macOS 10.9 以降では，Windows のものと若干異なる游明朝（Medium，Demibold，Extrabold）・游ゴシック（Medium，Bold）も加わりました。

ただ，Office を使う限り，Windows でも Mac でも同じ游明朝 3 ウェイト[*17]（Light・Regular・Demibold），游ゴシック 4 ウェイト（Light・Regular・Medium・Bold）が使えます。

これらのフォントを使う際には，なるべく［**B**］や［*I*］で変形しないようにしましょう。例外として，游ゴシック Bold だけは，Windows の Word では，標準の「游ゴシック」（游ゴシック Regular）＋［**B**］で指定します。

*16 Microsoftのサイトから「游ゴシック 游明朝フォントパック」をダウンロードしてインストールすれば，Office 2010/2013でも使えます。

*17 ウェイト（weight）はフォントの太さです。Macのヒラギノ角ゴシックのようにW0～W9のような番号で表すことも，Light（細）やBold（太）のようなことばで表すこともあります。

游明朝　游明朝

図 5.25　左は標準の游明朝（游明朝 Regular）を［B］で太らせたもの。右は最初から太くデザインされた游明朝 Demibold。右のほうが美しい。

また，名前通り明瞭な「メイリオ」も Windows の推奨フォントの一つです。これは［**B**］や［*I*］で形が崩れないのも特長です。

▶文字サイズと余白

一般に，文字サイズは 10～12 ポイント[*18] とします。余白は 1 インチ程度が標準です。一方で，1 行は全角 35 文字程度が読みやすく，40 文字を超えたら 2 段組みにすることを考えるべきです。日本向けの Word の標準は文字サイズ 10.5 ポイントで左右の余白が 30 mm になっており，余白が広すぎるように感じられるかもしれませんが，これで 1 行 40 文字となるので，段組みをしないなら，妥当な値です。

*18 1ポイントは1/72インチ，1インチは25.4 mmです。

▶空白文字と Enter で整形しない

［中央揃え］や［右揃え］のボタンが見つからないと，スペースを埋めて位置を調節する人がいますが，正確な中央揃え・右揃えになりません。それだけでなく，用紙やフォントの設定を変更するとレイアウトが崩れます。

インデントの代わりに Enter とスペースで整形するのも，同じ理由で，してはいけないことです。

▶ボールド体・イタリック体に注意

ほとんどの日本語フォントは，ボールド体（太字）やイタリック体（斜体）のデザインを持っていません。［**B**］ボタンや［*I*］ボタンを押すと，機械的に変形するだけですので，あまりお勧めできません。

また，日本の伝統的な印刷では*文字を斜めにして強調する*という習慣がないので，［*I*］ボタンを押して斜めにするより，**ゴシック体**にしたり，**圏点**（けんてん）（このような点）を付けたり〈山カッコ〉で囲んだりするのがよいでしょう*19。

*19 <不等号>を〈山カッコ〉の代わりに使うのはカッコよくありません。

英字でも，Times New Roman や Palatino Linotype や Calibri などは［**B**］や［*I*］を適用しても崩れませんが，そうでないものもあります。

Italic　*Italic*

図 5.26　（左）本物のイタリック体。（右）機械的変形による斜体。

▶半角カナは使わない

ｷﾀ━━━━(ﾟ∀ﾟ)━━━━ｯ!!!! のようなアスキーアートはさておき，半角ｶﾅは印刷業界では御法度です。全角カナを使いましょう。

▶英数字はプロポーショナルフォントを使う

「Ｗｉｎｄｏｗｓ」は全角フォント，「Windows」は半角フォント，「Windows」は**プロポーショナルフォント**です。プロポーショナルフォントでは，Wのような文字は幅が広く，iのような文字は幅が狭くデザインされています。現在のほとんどのフォントは，プロポーショナルな英数字を含みます。例外は，MS 明朝や MS ゴシックで，半角は，Wもiも同じ幅で並びます。英数字はプロポーショナルフォントを使いましょう。

▶欧文のコンマ・ピリオドの後はスペースを

例えば Hello, world! を Hello,world! と書くと，見苦しいだけでなく，Hello,world! 全体が 1 語のように扱われ，途中で改行できなくなります。コンマの後のスペースを省略するのは，ツイッターなどで文字数を減らしたいときだけにしましょう。

▶和文には和文のカッコを

欧文カッコ (これがそうです) と，和文カッコ（これがそうです）は，たいへん違ったものです。和文に欧文カッコを使うと，下がって見えるので，見苦しくなります。

▶欧文カッコの両側はスペースを

ただしコンマやピリオドの直前ではスペースを入れません。

- 正：`aaa (bbb) ccc (ddd).`
- 誤：`aaa( bbb )ccc(ddd) .`

Word に限らず，多くのソフトは「『（［が行末に来たり」』）］、。が行頭に来たりしないように処理します（**禁則処理**）。しかし，欧文については単に半角スペースの入ったところを改行の候補点とするだけですので，カッコの外側やコンマ・ピリオドの次にスペースを入れないと，改行できない長い単語があるのと同じで，変なところで改行が起きてしまいます。

▶極細線を使わない

最も細い罫線は，解像度の低いプリンタや画面では見えても，解像度の高い印刷では見えなくなる可能性があります。2 番目に細いもの以上を使いましょう。

▶ワードアートに注意

ワードアートは高度な文字飾りの機能ですが，デザイン的に難があるばかりでなく，印刷所での出力でもあまりうまくいかないことがあります。美しいフォントを文字飾りなしに使うほうがプロフェッショナルな印象を与えます。

▶図の挿入

図を挿入する際には［図の書式設定］の［Web］のタブで画像に短い説明（代替テキスト）を付けておけば，HTML や PDF に変換して公開するときに，検索しやすくなりますし，目の不自由な人がスクリーンリーダーを使って読む際にも，何の図かわかるので便利です。

▶doc と docx

「Word 文書（*.docx）」として保存すると，拡張子が docx になります。拡張子が doc の Word 文書もときどき見かけますが，これはもうサポートが終了した Word 2003 までで使われてきた形式です。今でも古い doc 形式で保存することはできますが，なるべく docx 形式を使いましょう[*20]。

*20 同じことがExcel（拡張子 xls → xlsx），PowerPoint（拡張子 ppt → pptx）についても言えます。なお，docx，xlsx，pptx ファイルは，XML形式のファイルを Zip 形式で圧縮して束ねたものです。拡張子を zip に直して開けば，中身が調べられます。XML はテキストファイルですので，旧Officeの独自バイナリー形式と比べて，ほかのソフトによる情報の抽出がしやすくなっています。

▶PDF

Word から「PDF（*.pdf）」という形式で保存することもできます。**PDF**（Portable Document Format）は，Adobe Systems 社が作って公開しているオープンなファイル形式です。

PDF ファイルは，特にソフトを意識しないでも，パソコンやスマホで開くことができます。Web ブラウザーの Microsoft Edge，Google Chrome，Firefox などのほか，Mac では標準の閲覧ツール「プレビュー」で開くことができます。

編集機能を保持したければ「Word 文書（*.docx）」で，閲覧・印刷だけであれば「PDF（*.pdf）」で保存しましょう。

PDF ファイルの閲覧には，昔は Adobe が無料で提供している **Adobe Reader** というソフトが必要でした。その名残で，今でも官公庁サイトで「PDF ファイルを開くには Adobe Reader が必要です」と書いてあることがあります。Adobe Reader は，現在では Adobe Acrobat Reader DC という名前で提供されています。ほかのソフトでうまく開けない PDF ファイルでも，これを使えばうまくいくことがあります。

✎ 以下で説明するように「スタイル」機能を使って Word 文書を作成しておけば，最近の Word であればアクセシビリティーの高い（文書読み上げなどに適した）**タグ付き PDF** にすることができます。

5.5 Word以外のワープロソフト

ワープロソフトの類を選ぶにあたって，**オープンフォーマット**に対応していることが重要です。オープンフォーマット（open format）とは，保存形式が公開されていることです。例えば，Word の昔の doc 形式は非公開でした[*21]が，今の docx 形式は Office Open XML（OOXML）形式として，国際標準（ISO/IEC 標準）の一つとなっています（Excel の xlsx 形式なども同様です）。オープンフォーマットでないと，もし製造元がなくなって製品が入手できなくなれば，ファイルが読めなくなります。国の調達でも，オープンなフォーマットに対応することが求められています。国際標準（ISO/IEC 標準）の文書フォーマットとしては，ほかに OpenDocument Format（ODF）などがあります。PDF も現在は国際標準（ISO 標準）です。

*21 現在は大部分が公開されています。

Google ドキュメント

Google の Web ベースのオフィススイートです。日本語表示については，ブラウザーの機能に制約されますので，きれいな印刷をするためのツールとしては限界があります[*22]。しかし，いつでもどこでもファイルを開くことができ，特定の人だけに公開したり書き込み権を与えたりすることができます。複数の書き手による共同執筆にたいへん便利です[*23]。

*22 HTML エディターと考えたほうがいいかもしれません。

*23 ただし同時に同じ場所を編集すると競合が起こり得ます。

Pages

Mac のオフィススイート iWork に含まれるワープロソフトです。Word のように多機能ではなく，非常にシンプルです。見栄えの良いサンプルがいくつか含まれています。

一太郎

一太郎（いちたろう）は日本のジャストシステムの製品です。昔は日本の市場をほぼ独占していました。かな漢字変換ソフト **ATOK**（エイトック）は単独でも広く使われています。一太郎の Mac 版はありませんし，Linux 版も販売終了しました。

一太郎 2006 以降は国際標準の OpenDocument Format にも対応しています。

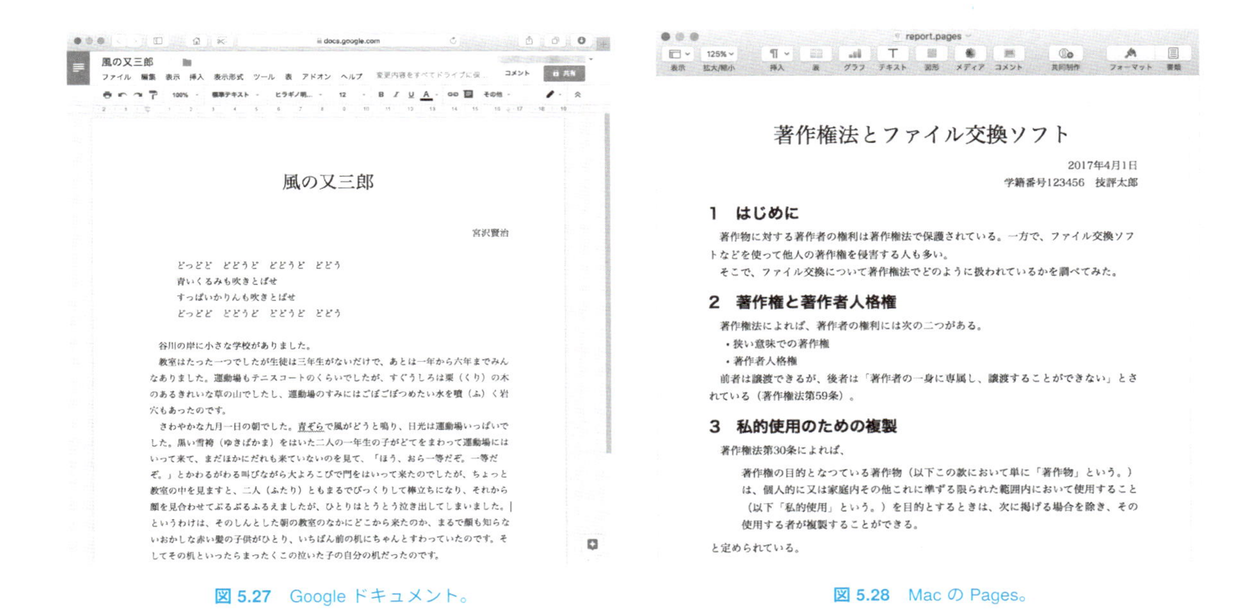

風の又三郎

宮沢賢治

どっどど　どどうど　どどうど　どどう
青いくるみも吹きとばせ
すっぱいかりんも吹きとばせ
どっどど　どどうど　どどうど　どどう

谷川の岸に小さな学校がありました。
教室はたった一つでしたが生徒は三年生がないだけで、あとは一年から六年までみんなありました。運動場もテニスコートのくらいでしたが、すぐうしろは栗（くり）の木のあるきれいな草の山でしたし、運動場のすみにはごぼごぼつめたい水を噴（ふ）く岩穴もあったのです。
さわやかな九月一日の朝でした。青ぞらで風がどうと鳴り、日光は運動場いっぱいでした。黒い雪袴（ゆきばかま）をはいた二人の一年生の子がどてをまわって運動場にはいって来て、まだほかにだれも来ていないのを見て、「ほう、おら一等だぞ。一等だぞ。」とかわるがわる叫びながら大よろこびで門をはいって来たのでしたが、ちょっと教室の中を見ますと、二人（ふたり）ともまるでびっくりして棒立ちになり、それから顔を見合わせてぶるぶるふるえましたが、ひとりはとうとう泣き出してしまいました。
というわけは、そのしんとした朝の教室のなかにどこから来たのか、まるで顔も知らないおかしな赤い髪の子供がひとり、いちばん前の机にちゃんとすわっていたのです。そしてその机といったらまったくこの泣いた子の自分の机だったのです。

著作権法とファイル交換ソフト

2017年4月1日
学籍番号123456　技評太郎

1　はじめに

著作物に対する著作者の権利は著作権法で保護されている。一方で、ファイル交換ソフトなどを使って他人の著作権を侵害する人も多い。
そこで、ファイル交換について著作権法でどのように扱われているかを調べてみた。

2　著作権と著作者人格権

著作権法によれば、著作者の権利には次の二つがある。
・狭い意味での著作権
・著作者人格権
前者は譲渡できるが、後者は「著作者の一身に専属し、譲渡することができない」とされている（著作権法第59条）。

3　私的使用のための複製

著作権法第30条によれば、
著作権の目的となつている著作物（以下この款において単に「著作物」という。）は、個人的に又は家庭内その他これに準ずる限られた範囲内において使用すること（以下「私的使用」という。）を目的とするときは、次に掲げる場合を除き、その使用する者が複製することができる。
と定められている。

図 5.27　Google ドキュメント。

図 5.28　Mac の Pages。

OpenOffice の Writer

OpenOffice（オープンオフィス）とその仲間は，ほぼ Microsoft Office と同等の機能を持つオープンソースソフトです。保存形式は国際標準の OpenDocument Format です。

元々は OpenOffice.org（オープンオフィスドットオルグ）（略称 OOo）という名前でしたが，開発元の Sun Microsystems（サン・マイクロシステムズ）が 2010 年に Oracle（オラクル）に買収され，開発者たちが独立して **LibreOffice**（リブレオフィス）が生まれました。一方，OpenOffice.org は 2011 年に Oracle から Apache（アパッチ）ソフトウェア財団に寄付され，Apache（アパッチ）OpenOffice（オープンオフィス）として再出発しました。

Word に相当するワープロソフト Writer（ライター）のほか，Excel に相当する表計算ソフト Calc（カルク），Access に相当するデータベースソフト Base（ベース），PowerPoint に相当するプレゼンテーションソフト Impress（インプレス），図形描画ソフト Draw（ドロー），数式エディター Math（マス）から成り，PDF 作成機能も持ちます。Windows 版・Mac 版・Linux 版があります[※24]。

※24 OpenOffice.org から派生した Mac 専用の NeoOffice もありますが，現在では LibreOffice も Apache OpenOffice も Mac に対応しています。

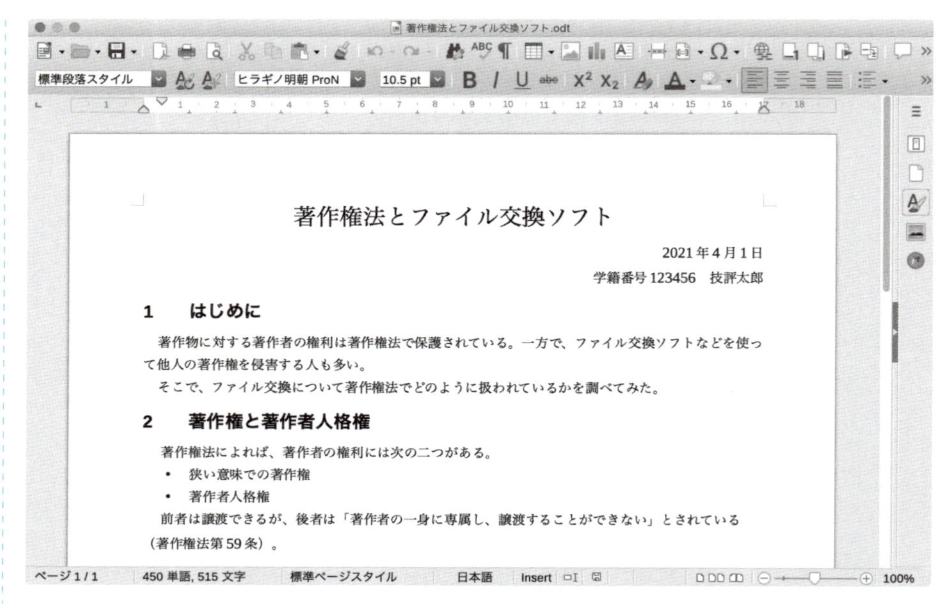

図 5.29　LibreOffice の Writer。

OpenOffice.org の元は 1986 年に設立されたドイツの会社 StarDivision のワープロソフト StarWriter です。これが 1994 年に StarOffice へと進化しました。この会社を Sun Microsystems が 1999 年に買収します。UNIX ワークステーションを作る Sun にとって，社員全員が自社製品以外に Windows パソコンと Microsoft Office を買うよりも StarOffice を会社ごと買い取るほうが安かったようです。Sun は StarOffice を自社製品として売るほか，ほぼ同じものをオープンソフト化します。こうして OpenOffice.org が生まれました。

InDesign，TeX，Markdown

InDesign は印刷関係のプロが使う高度なソフトです。Word のように文章を直接書き込むこともできますが，通常はテキストエディタで書いてから流し込みます。

流し込む前にテキストエディターで整形用コマンドを書き込んでおく方式のソフトもあります。特にオープンソースの TeX（テック，テフ）とそれを拡張した LaTeX（ラテック，ラテフ）は，理系の論文や本を作るために世界中で使われています。本書も LaTeX で作成しました。

Markdown（マークダウン）はソフトの名前ではなく，簡単なテキストファイルにワープロソフトの基本機能を担わせるためのルールです。例えば行の先頭に # を付ければ見出しになるといった約束事から成り立っています（19 ページの VS Code のスクリーンショット参照）。

6 表計算

SPREADSHEET

6.1 表計算ソフトとは

表計算ソフトは，英語でスプレッドシート（spreadsheet）と呼ばれ，もともとは事務計算のために開発されたものです。

最初の表計算ソフトは，VisiCalc（ビジカルク）という名前の Apple II（アップル ツー）用のソフトでした。このソフトのおかげで，ゲームや学習用だったパソコンを企業が導入するようになりました。

1983 年には，Lotus 1-2-3（ロータス ワンツースリー）というたいへん優れた表計算ソフトが IBM PC 用に開発され，IBM PC を企業がこぞって導入するきっかけになります。日本でも NEC の PC-9801 シリーズのパソコンで使えるようになり，企業の事務計算や学校の成績処理に広く使われました。

1984 年に Apple 社が Macintosh（マッキントッシュ）（Mac（マック））を作り，その高度なグラフィックの能力を生かした表計算ソフト **Excel**（エクセル）を 1985 年に Microsoft 社が発売します。Excel の Windows 版が作られたのは 1987 年です（当時の Windows はまだ Mac に比べて貧弱なものでした）。1993 年に Excel は Microsoft Office の一部となり，市場を席巻（せっけん）することになります。

一方で，Excel の罫線・セル結合の機能を駆使して，入力やデータ集計がやりにくい複雑な帳票を作る技（わざ）が広まり，Excel 方眼紙あるいはネ申（かみ） Excel と揶揄（やゆ）されることも増えました。

Excel 以外の表計算ソフトとしては，OpenOffice（オープンオフィス）／LibreOffice（リブレオフィス）の Calc（カルク）や，Apple の Numbers（ナンバーズ），Google の Web ベースの「Google スプレッドシート」などがあります。

以下では Excel を中心に使い方を説明します。

Excel は「秀（ひい）でる」という意味の英語ですが，cell（セル）（升目（ますめ））で構成されていることとかけています。英語では「エクセル」のように「セ」を強く発音します。

6.2 Excel の起動

Windows では[*1]，タスクバーまたはデスクトップに「X」のアイコンがあればそれをクリックまたはダブルクリックします。なければ，検索ボックスに Excel と打ち込んで探します。

*1 Mac では，Dock またはデスクトップの「X」のアイコンまたは Finder→アプリケーション→Microsoft Excel です。

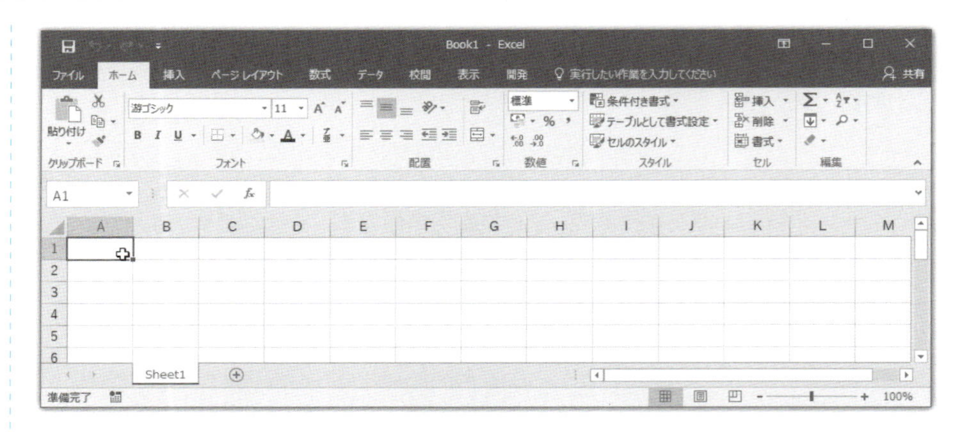

図 6.1　Excel を起動したところ。左から右に向かって A，B，C，……の列があり，上から下に向かって 1，2，3，……の行がある。一つ一つの升目(ますめ)を**セル**という。セルは A1，A2，A3，…，B1，B2，B3，…のように列と行で指定する。選択されているセル（その時点で文字を打ち込むと入るセル）には黒い枠が表示される。上の図ではセル A1 が選択されている。

起動すると，Book1 と名前の付いたブックができます（Excel では表やグラフの集まりをブックと呼びます）。ブックの名前は保存するときに変えられます。

画面の下には Sheet1 というシート（ワークシート）名が書いたタブがあります。シートは右側の［+］ボタン（［ワークシートの挿入］ボタン）で増やせます。シート名をダブルクリックすると，シート名が変えられます。

6.3 表の作り方

次のような表を作ってみましょう*2。このように，表の中の文字列は左揃(そろ)えか中央揃え，数値は右揃えにするのが一般的です*3。

学部・学年別学生数

	1 年次	2 年次	3 年次	4 年次以上
人文学部	267	275	308	367
教育学部	208	211	208	240
医学部	206	214	204	470
工学部	415	412	446	559
生物資源学部	274	250	255	277

手順を順に説明します。間違ったら「元に戻す」（Ctrl + Z）*4 で一つ前に戻れますので，どんどんやってみましょう（ただしワークシート全体を削除した場合は元に戻せません）。

*2 医学部の「4年次以上」が多いのは，医学部医学科が6年次まであるからです。

*3 これは日本での習慣です。欧米ではそもそも縦罫線は使わず，「1年次」なども表本体に合わせて右揃えすることが多いようです。

*4 Mac では ⌘ + Z

▶データの入力

まず，データをざっと入力します[*5]。セルの移動には，方向キー ←→↑↓ のほか，右に行くには Tab キー，下に行くには Enter キーが使えます。

タイトル「学部・学年別学生数」[*6] は A1 のセルに入れましたが，B1 が空（から）なので，B1 に食い込んでいます。「生物資源学部」は A7 に入れましたが，B7 が空でないので，途中までしか表示されていません。これらは後で直します。

*5 数値は必ず半角文字で，単位を付けずに入力します。つまり，「２６７人」ではなく「267」と入力します。これは，後で集計したりグラフを描いたりするために必要です。

*6 これは，セル結合や罫線を使った〈人間が見る〉ための表の作り方です。〈コンピューターで処理する〉ための表なら，1 行目のタイトルは不要です。表の名前を入れる必要があれば，シート名（図 6.2の「Sheet1」となっているところ）に入れます。

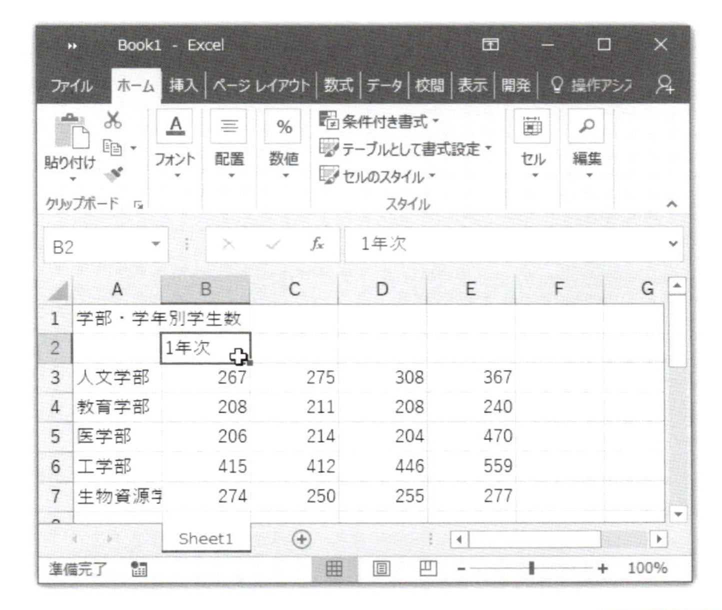

図 6.2 データをざっと入れたところ。セルの移動には，マウスや方向キー ←→↑↓ のほか，右に行くには Tab キー，下に行くには Enter キーが使える。「学部・学年別学生数」は A1 のセルに入れたが，B1 が空なので，B1 に食い込んでいる。「生物資源学部」は A7 に入れたが，B7 が空でないので，途中までしか表示されていない。これらは後で直す。2 行目は「1 年次」しか入れていないが，「2 年次」以降は自動で入れられる。次の「セルの選択とフィル操作」参照。

▶セルの選択とフィル操作

セルを選択するには，該当セルをクリックします。選択されたセルには太枠が付き，右下にフィルハンドル（fill handle）という塗りつぶされた正方形が現れます。図 6.2 はセル B2 を選択したところです。このハンドルにマウスを近づけると，図 6.3 のように黒い十字のポインタになります。

B2 | 1年次

	A	B	C	D	E	F	G
1	学部・学年別学生数						
2		1年次					
3	人文学部	267	275	308	367		
4	教育学部	208	211	208	240		
5	医学部	206	214	204	470		
6	工学部	415	412	446	559		
7	生物資源学	274	250	255	277		
8							

Sheet1　準備完了　100%

図 6.3　「1 年次」と入力したセルを選択した状態で，セルの右下のフィルハンドル（黒い小さな正方形）にマウスを近づけると，黒い十字のポインタになる。

黒い十字のポインタになったら，マウスの左ボタンを押しながら，そのまま右に引っ張ってみましょう。すると吹き出し（ツールチップ，tooltip）が表示され，その内容が「2 年次」「3 年次」「4 年次」と変化していくことに注目してください。この状態でマウスのボタンを離すと，セルに「2 年次」「3 年次」「4 年次」が自動入力されます。このような「フィル操作」は，日付や曜日にも適用できます。

B2 | 1年次

	A	B	C	D	E	F
1	学部・学年別学生数					
2		1年次				
3	人文学部	267	275	30	367	
4	教育学部	208	211	208	240	
5	医学部	206	214	204	470	
6	工学部	415	412	446	559	
7	生物資源学	274	250	255	277	
8						

4年次

Sheet1　外側にドラッグすると連続データを作成します。…

B2 | 1年次

	A	B	C	D	E	F
1	学部・学年別学生数					
2		1年次	2年次	3年次	4年次	
3	人文学部	267	275	308	367	
4	教育学部	208	211	208	240	
5	医学部	206	214	204	470	
6	工学部	415	412	446	559	
7	生物資源学	274	250	255	277	
8						

Sheet1　準備完了　データの個数: 4

図 6.4　（左）ツールチップが変化する。（右）「2 年次」「3 年次」「4 年次」が自動入力される。

▶セルの書式

「4 年次」を「4 年次以上」に書き換え，「1 年次」から「4 年次以上」までのセルを選択し，［中央揃え］ボタンを押すと，各セルの中央に文字が移動します。

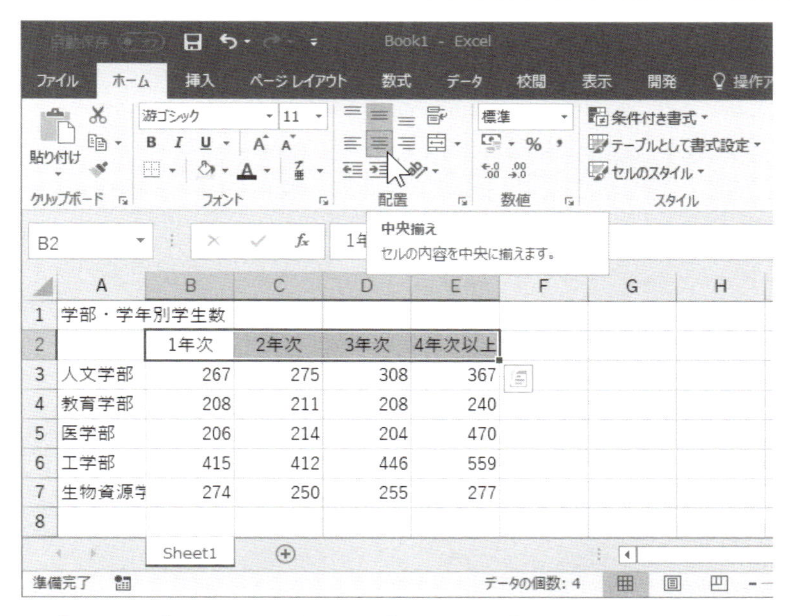

	A	B	C	D	E
1	学部・学年別学生数				
2		1年次	2年次	3年次	4年次以上
3	人文学部	267	275	308	367
4	教育学部	208	211	208	240
5	医学部	206	214	204	470
6	工学部	415	412	446	559
7	生物資源学	274	250	255	277

図 6.5　「4 年次」を「4 年次以上」に書き換え，「1 年次」から「4 年次以上」までを中央揃えにする。

▶セルの結合

結合したいセル A1～E1 を選択してください。

1R x 5C　　学部・学年別学生数

	A	B	C	D	E
1	学部・学年別学生数				
2		1年次	2年次	3年次	4年次以上
3	人文学部	267	275	308	367
4	教育学部	208	211	208	240
5	医学部	206	214	204	470
6	工学部	415	412	446	559
7	生物資源学	274	250	255	277

Sheet1　準備完了

図 6.6　A1～E1 を選択する。

この状態で［セルを結合して中央揃え］ボタンを押すと，A1～E1 が一つのセルになり，その中央に表題が入ります*7。

*7 セルの結合は，表の見栄えを整えるためによく使われます。ひどい場合には，セルの横幅を狭くした「Excel方眼紙」から出発して，セルを結合して複雑な形の表組みをすることがあります。しかし，データを集計したり，データベースソフトやデータ解析ソフトでデータを読み込んだりする際に，セルの結合はじゃまになります。再利用しやすいデータにするためには，この例では1行目（タイトル）は省き，「学部名」「1年次学生数」「2年次学生数」「3年次学生数」「4年次以上学生数」を1行目として，2行目以降にデータを並べます。もっと良い方法は173ページで学びます。

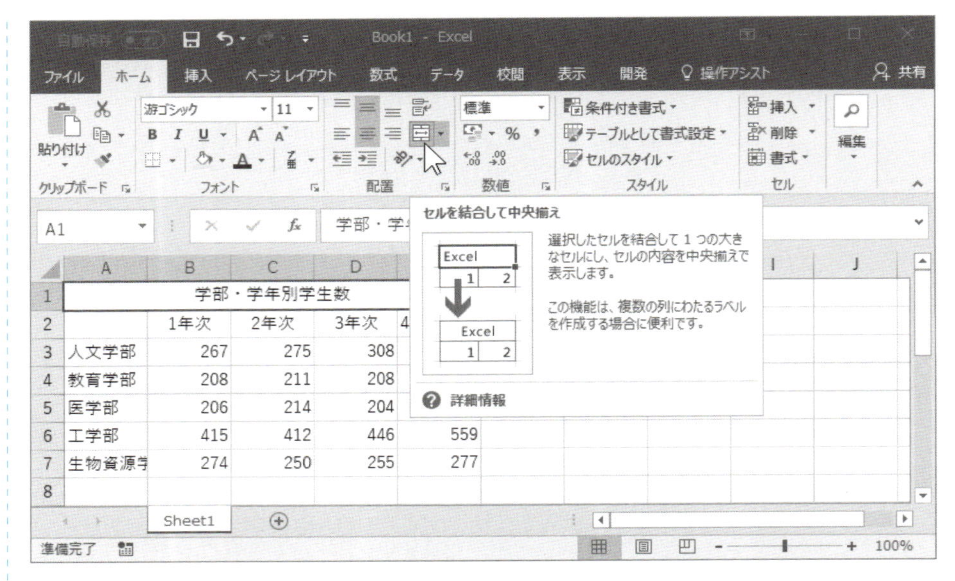

図 6.7　セルの結合と中央揃え。

▶フォントの変更

表題のフォントサイズを変更してみましょう。表題のセルを選択し，フォントサイズをすこし少し大きくします。

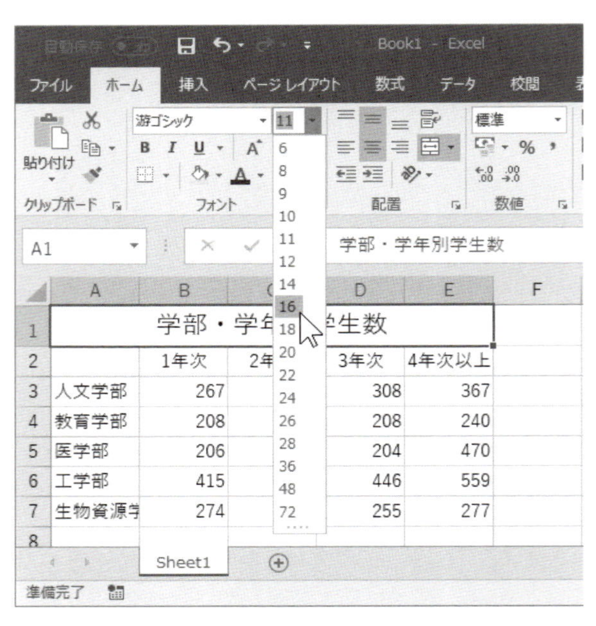

図 6.8　表題のフォントサイズを少し大きくする。

▶列幅の変更

だいぶ体裁が整ってきましたが，「生物資源学部」の右側がまだ欠けています*8。この場合，セルの列幅を少し広くすればいいでしょう。A と B の境い目をマウスの左ボタンで動かすと，列幅が自由に変えられます。

もっと便利な方法としては，A と B の境い目をダブルクリックすると，最適な列幅に自動的に変更されます。同様に，「4 年次以上」も少し窮屈ですので，E と F の境い目をダブルクリックしましょう。B と C，C と D，D と E の境い目は調節してもしなくてもかまいません。

*8 列幅が狭いと，文字列の場合は右端が欠けます。数値の場合は # 印を並べた表示になります。

A1　学部・学年別学生数

	A	B	C	D	E	F
1	学部・学年別学生数					
2		1年次	2年次	3年次	4年次以上	
3	人文学部	267	275	308	367	
4	教育学部	208	211	208	240	
5	医学部	206	214	204	470	
6	工学部	415	412	446	559	
7	生物資源学部	274	250	255	277	
8						

Sheet1

準備完了

図 6.9　列幅の変更。

▶罫線の追加

罫線を付けてみましょう。

表題以外の部分（A2〜E7）を選択し，［罫線］ボタンから「格子」を選びます。これで格子状の細罫線が付きました。続いて［罫線］ボタンから「太い外枠」を選べば，外枠だけ太罫線になります。

罫線の引き方に決まりはないので，好みに応じて変えてみましょう。一般論として，日本では縦横に整然と引いた罫線が好まれ，欧米では必要最小限の横罫線だけが好まれます。

なお，ここではデフォルトのフォント「游ゴシック」のままにしましたが，Word などに挿入するためには，Word 側の本文フォントに合わせるのがよいでしょう。

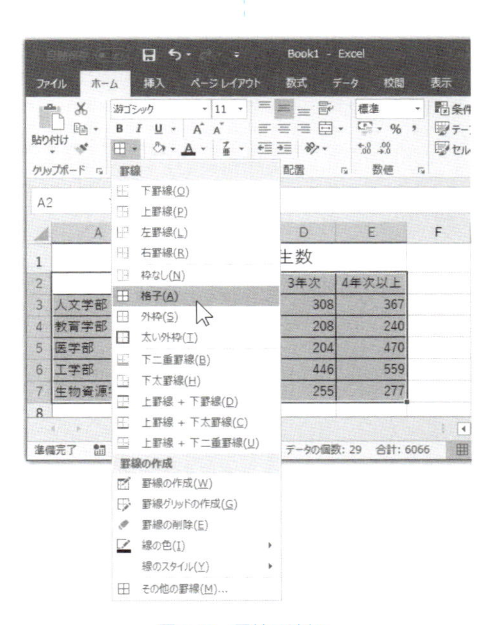

図 6.10　罫線の追加。

6.4 表の保存

［ファイル］→［名前を付けて保存］で保存します。ファイル形式は「Excel ブック（*.xlsx）」にします。拡張子は xlsx になります（例：Book1.xlsx）[*9]。

9 Office 2003 までの古い Excel で開けるようにするには，「Excel 97–2003 ブック（.xls）」にします。この場合，拡張子は xls になります（例：Book1.xls）。ただ，Office 2003 はサポートが終了しましたので，もう *.xls 形式で保存する意味はありません。一方，データとして活用するなら，CSV 形式で保存するという手もあります。拡張子は csv になります（例：Book1.csv）。CSV 形式なら，どんなデータ処理ソフトやデータベースソフトでも読み込めます。CSV 形式の選択肢が二つありますが，「CSV UTF-8」が推奨です（本書執筆時点では BOM 付き UTF-8 になり，Excel でも開けます）。逆に，Excel シートの見栄えだけを保ち，データとしての再利用をやりにくくしたいなら，PDF 形式で保存するといいでしょう。

図 6.11　Excel ブックの保存。

6.5 印刷のしかた

印刷は「ファイル」メニューの「印刷」で行います。いきなり［印刷］ボタンを押すのではなく，右側のプレビュー画面をよく見て，バランスよく印刷できるように設定しましょう。

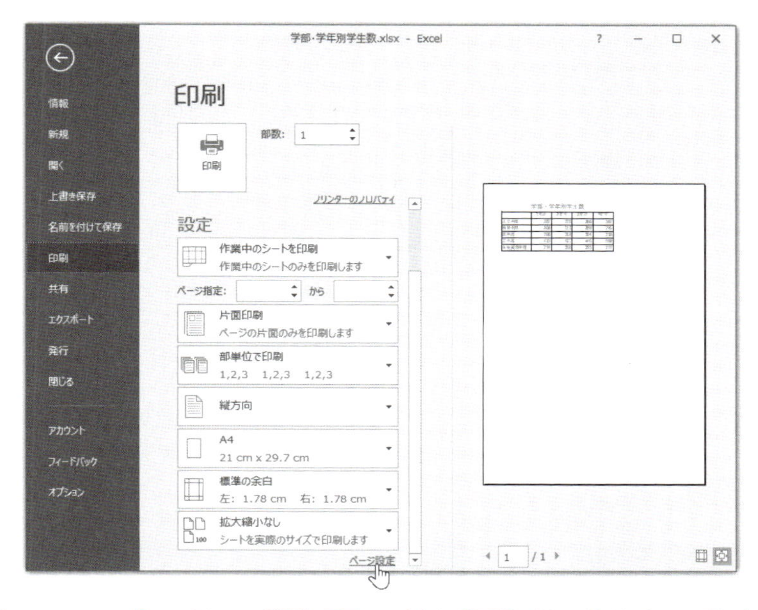

図 6.12　Excel の「ファイル」→「印刷」画面。いきなり［印刷］ボタンを押さず，画面最下部の「ページ設定」をクリックする。

「ページ設定」を選び，次の図のように設定します。

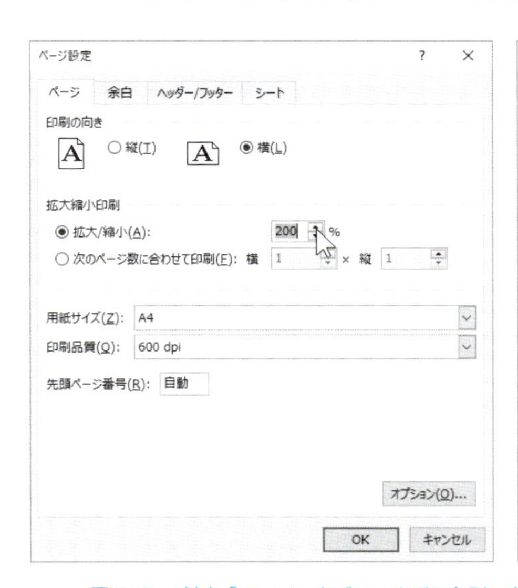

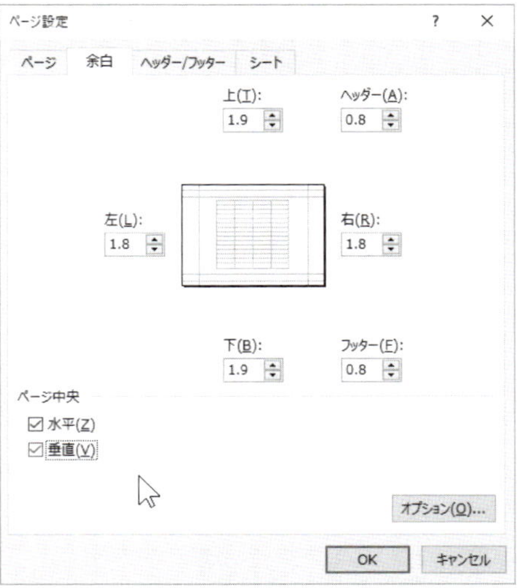

図 6.13　（左）「ページ」タブで，まずは印刷の向きを決める。さきほど作った表は横長なので，「横」を選ぶ。「拡大縮小印刷」では，ここでは適当な倍率を指定したが，逆に大きすぎる表を縮小して 1 ページに収めたい場合は「次のページ数に合わせて印刷」で 1×1 を選ぶほうが楽。（右）「余白」タブで「ページ中央」の水平・垂直両方にチェックを付ける。

提出用の氏名などを記入する際には，「ページ設定」から「ヘッダー/フッター」を選び，例えば右下に入れたい場合は「フッターの編集」から「右側」に必要事項を記入します。

「ページ設定」したら，プレビュー画面を確認し，問題なければ［印刷］ボタンをクリックして印刷します。

シートに戻っても，「ページ設定」で設定した内容は覚えています。シートには 1 ページに収まる範囲が点線で示されます。

6.6 グラフ作成

上で作った表をグラフ化してみましょう。A2～E7 を選択して，「挿入」でグラフを選びます。とりあえずグラフを作ってから，いろいろな場所をクリックまたは右クリックして修正していきます。

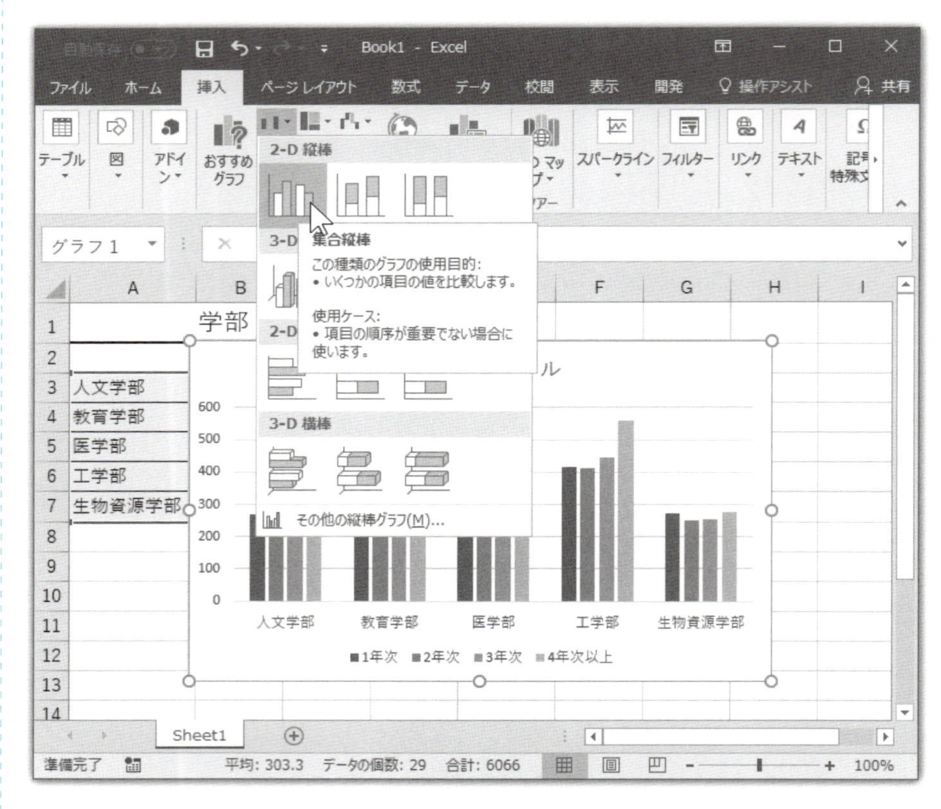

図 6.14　［挿入］タブの棒グラフから「2-D 縦棒」の「集合縦棒」を選ぶ。グラフが小さい場合は，グラフ上の何もないところを右クリックして「グラフの移動」で「新しいシート」を選ぶ。

グラフの印刷は，グラフを選択した状態で「ファイル」→「印刷」します。いきなり［印刷］ボタンを押さず，右側のプレビュー画面をよく確認し，必要に応じて「ページ設定」でフッターやヘッダーを付けてから印刷します。モノクロプリンタの場合は，「ページ設定」で「グラフ」→「白黒印刷」にします。

グラフ作成の際には次の点に注意しましょう。

- 棒グラフは，比に意味がある量（比例尺度の量）を表すときに使います。気温には使いません（20°C は 10°C の 2 倍ではありません）が，雨量には使います（20 mm は 10 mm の 2 倍です）。比を正しく表すためには，棒グラフは 0 から始めなければなりません。Excel はしばしば 0 から始まらない棒グラフを描こうとしますが，目盛を右クリックして「軸の書式設定」で「最小値」を必ず 0 にしましょう。

- 折れ線グラフは，縦軸・横軸とも，差に意味がある量（間隔尺度の量）を表すときに使います。特に横軸が時間の場合によく使われます。0 から始める必要はありません。Excel では「散布図」で折れ線グラフを描くのが基本です。Excel の「折れ線グラフ」は，横軸が大小関係にしか意味がない量（順序尺度の量）のときに使います。

- 3 次元グラフ（3D グラフ）は，値が読み取りにくく，誤解を与えやすいので，論文やレポートでは使わないのが基本です。

- 色がないと読めないグラフは避けましょう。モノクロ印刷で読めなくなりますし，生まれつき色が区別しにくい人もいます。

- 軸目盛の数値の単位がわかるようにしましょう。

- Excel で「系列 1」のような無意味な凡例（はんれい）が付くことがありますが，不要ですので削除しましょう。

6.7 Wordへの貼り付け

Excel の表やグラフは，Word などに貼り付けることができます。

表を貼り付けるには，あらかじめ Excel の表のフォントを Word の本文フォントと同じにしておけば，体裁の統一がとれます。貼り付けのオプションで「図」として貼り付けるとうまくいきます。

貼り付けた後で，クリックして「レイアウトオプション」を使うか，あるいは右クリックして「レイアウトの詳細設定」で，「文字列の折り返し」を「行内」または「四角形」にします。「行内」なら配置は「中央揃え」が一般的です。「四角形」を指定すれば，図 6.15 のように文章を回り込ませることができます。その際，配置を「右揃え」または「左揃え」にして，版面*10 の右端または左端にぴったり揃えるのが基本です。

*10 本文の入る領域のことです。「はんめん」または「はんづら」と読みます。

大学の概要

2021 年 4 月 1 日

学籍番号 123456　技評太郎

われわれの大学は 5 つの学部と 6 つの大学院からなる。5 つの学部についての各学年の学生数を表 1 および図 1 に示す。

医学部の 4 年次以上が多いのは、医学部医学科が 6 年次まであるからである。それ以外の学部でも 4 年次が少し多いのは、4 年で卒業できなかった学生がいるためだと考えられる。

大学院生を合わせれば、全学の学生数は 7,252 人、教員数は 769 人、職員数は 1,036 人いる。また、附属校園の児童・生徒等が 1,208 人、その教員が 89 人いる。

表 1　学部・学年別学生数

	1年次	2年次	3年次	4年次以上	合計
人文学部	267	275	308	367	1,217
教育学部	208	211	208	240	867
医学部	206	214	204	470	1,094
工学部	415	412	446	559	1,832
生物資源学部	274	250	255	277	1,056
合計	1,370	1,362	1,421	1,913	6,066

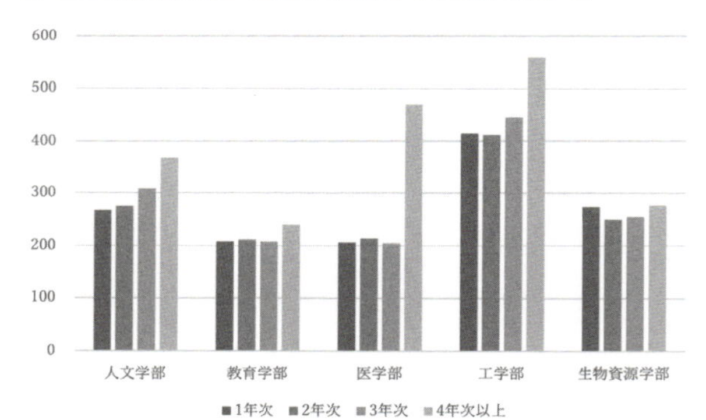

図 1　学部・学年別学生数

図 6.15　Word で適当な文章を打ち込み，表とグラフを貼り付けたところ。表を版面の右端にぴったり揃えた。

グラフを貼り付けるには，あらかじめ Excel でグラフを右クリックして「グラフエリアの書式設定」で「枠線」を「線なし」にしておきます。グラフタイトルも削除します（後で Word 側でキャプションを付けます）。貼り付けのオプションで「貼り付け先のテーマを使用しブックを埋め込む」を指定します。「図」として貼り付けると，ビットマップになり，拡大して見るとギザギザが目立ちます。

最後に，図を右クリックして「図表番号の挿入」を選び，「表 1　何々」「図 1　何々」のような見出し（キャプション）を付けましょう。表キャプションは表の上に，図キャプションは図の下に付けるのがルールです。デフォルトではフォントがボールド（太字）になりますが，［**B**］ボタンでボールドを解除します（たくさんあるなら「図表番号」スタイルを変更します）。

6.8 計算

表計算ソフトの利点は，表の作成だけでなく，計算ができることです。

どのセルでも計算ができます。適当なセルをクリックし，=123+45-6 のような = で始まる計算式を入力して Enter を押すと，計算結果が入ります。セルをダブルクリックすると，計算式を修正できます。計算式は通常の記法とほぼ同じですが，+ − × ÷ がそれぞれ + - * / になります。

✎ 累乗 3^2 は =3^2 のように打ち込みます。ただ，=-3^2 は $(-3)^2 = 9$ になってしまいます。$-3^2 = -9$ を計算するためには =-(3^2) としなければなりません。しかし，=5-3^2 は $5 - 3^2 = -4$ になります。この Excel の癖を OpenOffice ／ LibreOffice（Calc）も iWork（Numbers）も受け継いでいます。

さきほどの表に戻って，人文学部の 1 年次〜4 年次までの合計を求めましょう。B3〜E3 をマウスで選択し，［Σ（シグマ）］ボタン（合計ボタン）をクリックします。すると，右側の F3 に合計 1217 が現れます。

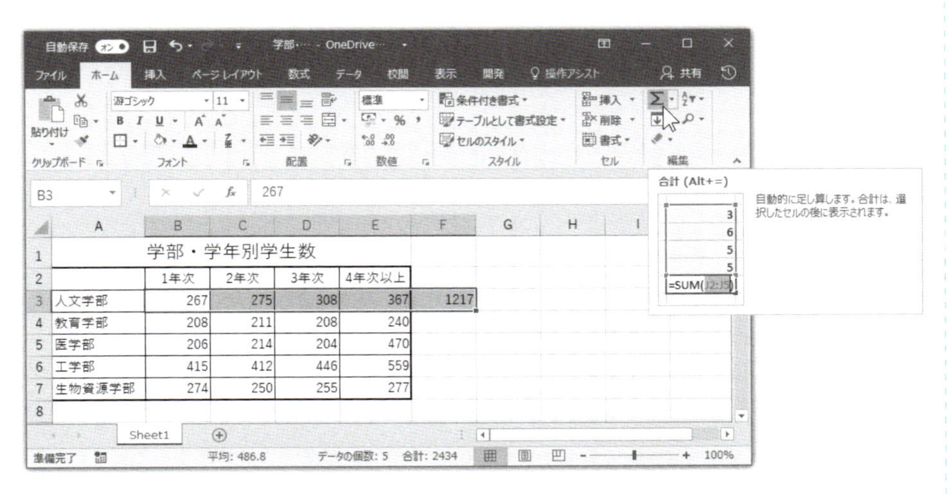

図 6.16　［Σ］ボタンをクリックしたところ。

✎ B3〜E3 を選択する代わりに，答えが入る場所 F3 をクリックしてから［Σ］ボタンをクリックしてもかまいません。F3 には =SUM(B3:E3) と入りますので，Enter を押します。どちらの方法を使っても，F3 に入るのは 1217 という数値ではなく =SUM(B3:E3) という数式です。このことがわかれば，［Σ］ボタンを使わなくても，=sum(b3:e3) という数式を書き込めば B3〜E3 の合計が求められます。=b3+c3+d3+e3 でも同じことです（Excel の数式は必ず = で始まります）。sum(範囲) のようなものを関数といいます。関数には sum(範囲) 以外に平均 average(範囲) など多数あります。

同じことを教育学部〜生物資源学部について行ってもいいのですが，繰返しはフィルハンドルを引っ張ることでできます。いったん別のセルをクリックしてからセル F3 をクリックし，F3 だけが選択されている状態にしてから，フィルハンドル（黒枠右下の黒い正方形）を F7 まで引っ張ります。

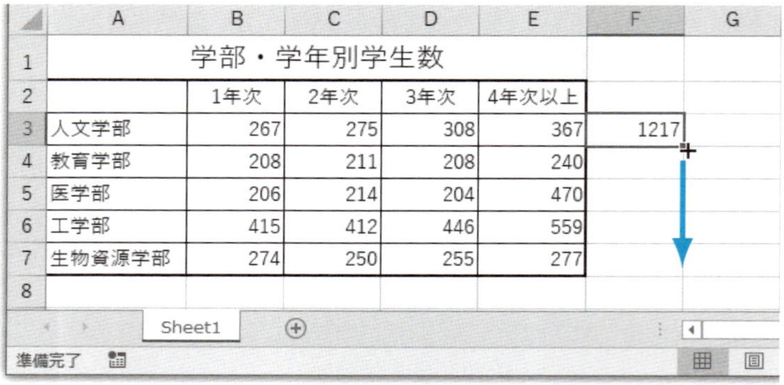

	A	B	C	D	E	F	G
1	学部・学年別学生数						
2		1年次	2年次	3年次	4年次以上		
3	人文学部	267	275	308	367	1217	
4	教育学部	208	211	208	240		
5	医学部	206	214	204	470		
6	工学部	415	412	446	559		
7	生物資源学部	274	250	255	277		
8							

Sheet1

準備完了

図 6.17　セル F3 のフィルハンドルを F7 まで引っ張る。

これで各学部の合計が求められました。

続いて，縦の合計を求めましょう。今度は別のやりかたを使ってみます。合計を入れたいセル B8〜F8 を選択してから［Σ］ボタンをクリックします。これで各年次の合計と，総合計 6066 が求められました。

数値の入っている部分 B3〜F8 を選択し，［,］ボタン（桁(けた)区切りスタイル）をクリックすると，3 桁ごとにコンマが挿入されます。罫線を引き直し，1 行目の「セルを結合して中央揃え」もやり直します。

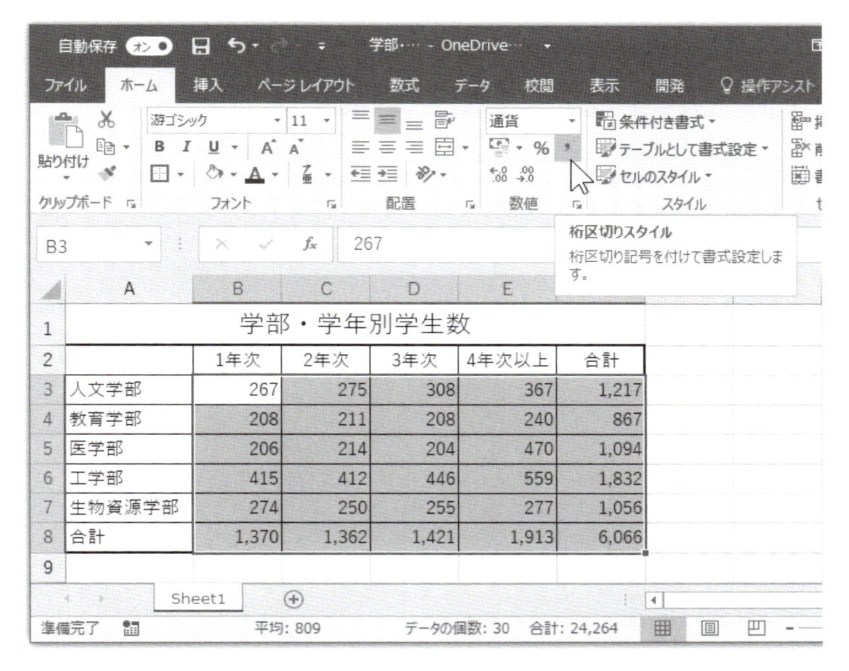

図 6.18　縦の合計も求め，体裁を整える。

6.9　もっと計算，並べ替え

前節で縦横の合計を求めましたが，このような計算について，さらに学びましょう。

そもそも Excel は，たくさんの**セル**（cell）と呼ばれる升目から成り立っています。一つ一つのセルは，独立したメモ帳＋電卓のような働きをします。文字列や数値を入れることができますし，計算をすることができます。

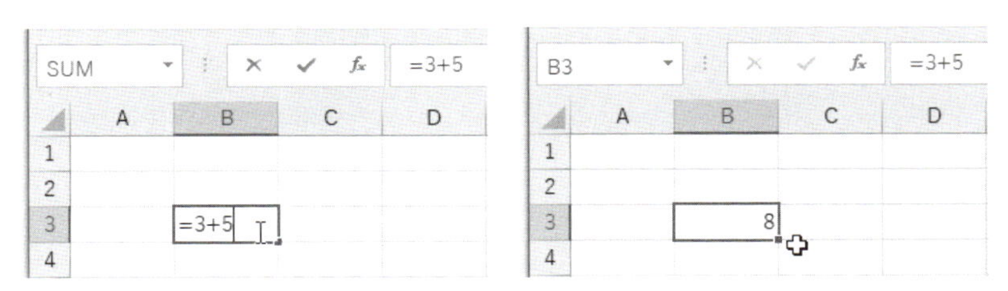

図 6.19　一つ一つのセルは電卓のように使える。好きなセルに =3+5 と入力して Enter を押すと 8 になるが，上の数式バーを見ると，=3+5 という数式が入っていることがわかる。

Excel の数式は =（イコール）で始めます。＋－×÷はそれぞれ + - * / で表します。通常の計算と同じように * / が + - より先に行われますが，括弧（ ）で計算の順序を変えることができます。例えば =3+5/2 は 5.5，=(3+5)/2 は 4 になります。

*11 sqrtは平方根を意味する英語 square root（スクエア ルート）の略です。

*12 average（アベレッジ）は平均を意味する英語です。

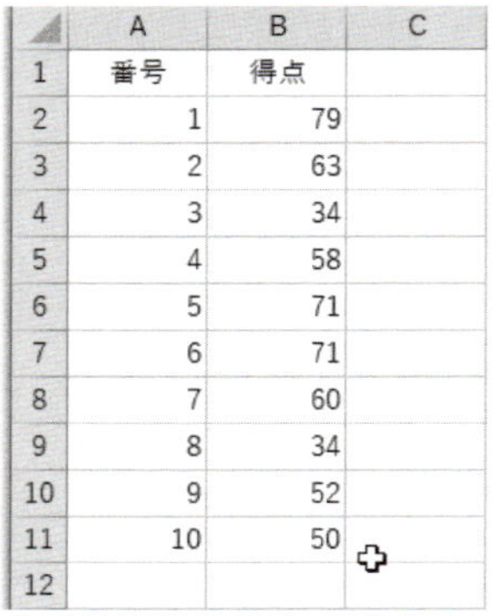

関数計算もできます。例えば 2 の平方根は =sqrt(2) と入力します*11。大文字・小文字は区別しませんので，=SQRT(2) でも同じです。

合計を求める［Σ］ボタンは，実は sum（サム）という関数を入れるためのボタンです。B3〜E3 までの合計を求めるには，B3〜E3 を選択して［Σ］ボタンを押しましたが，=sum(b3:e3) と打ち込んでも同じことです。合計の代わりに平均を求めるためには，=average(b3:e3) と打ち込みます*12。

以上のことを使って，テストの点数の平均や偏差値を求めてみましょう。

	A	B	C
1	番号	得点	
2	1	79	
3	2	63	
4	3	34	
5	4	58	
6	5	71	
7	6	71	
8	7	60	
9	8	34	
10	9	52	
11	10	50	
12			

図 6.20　番号 1〜10 は，1 と 2 だけ入力して，1 と 2 を選択し，フィルハンドルを下に引っ張ると簡単に入力できる。その右側に点数（得点）を入力する。

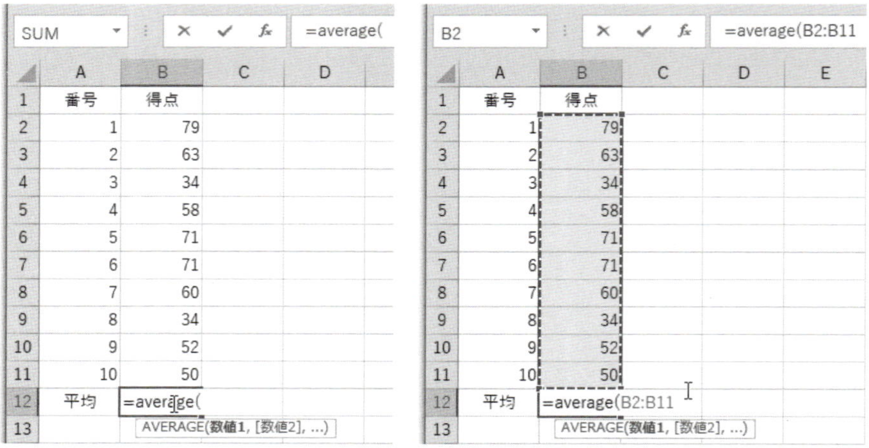

SUM　=average(

	A	B	C	D
1	番号	得点		
2	1	79		
3	2	63		
4	3	34		
5	4	58		
6	5	71		
7	6	71		
8	7	60		
9	8	34		
10	9	52		
11	10	50		
12	平均	=average(		
13		AVERAGE(数値1, [数値2], ...)		

B2　=average(B2:B11

	A	B	C	D	E
1	番号	得点			
2	1	79			
3	2	63			
4	3	34			
5	4	58			
6	5	71			
7	6	71			
8	7	60			
9	8	34			
10	9	52			
11	10	50			
12	平均	=average(B2:B11			
13		AVERAGE(数値1, [数値2], ...)			

図 6.21　（左）A12 に「平均」と入力し，中央揃え。B12 に =average(と入力する。まだ Enter は押さない。（右）点数が入っている範囲 B2〜B11 をマウスでなぞる。=AVERAGE(の後に B2:B11 が自動的に入る。手で b2:b11 と打ち込んでもよい。

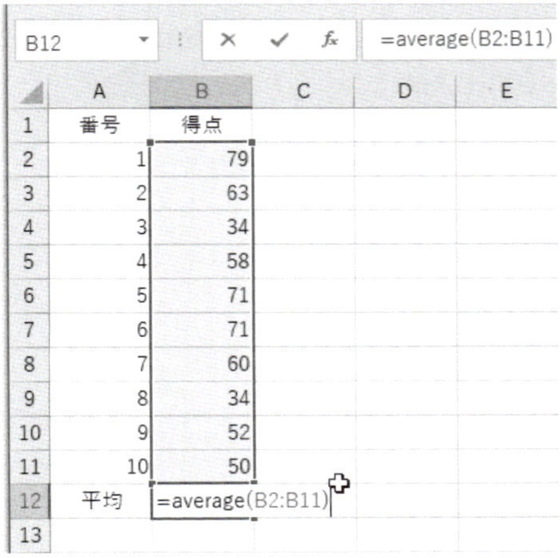

B12　=average(B2:B11)

	A	B	C	D	E
1	番号	得点			
2	1	79			
3	2	63			
4	3	34			
5	4	58			
6	5	71			
7	6	71			
8	7	60			
9	8	34			
10	9	52			
11	10	50			
12	平均	=average(B2:B11)			
13					

図 6.22　閉じ括弧) を打ち込み，Enter を打つと，平均 57.2 が表示される。

次に，点数のばらつきの度合いを調べるために，標準偏差を求めてみましょう。そのための関数は STDEV.P（古い Excel では STDEVP）です。

✎ 詳しくいうと，標準偏差を求める関数には STDEV.S（古い Excel では STDEV）と STDEV.P（古い Excel では STDEVP）があります。人数を n，点数を $x_1, x_2, \ldots, x_n$，平均を $\bar{x}$ とすると，これらは

$$\mathrm{STDEV.S} = \sqrt{\frac{(x_1 - \bar{x})^2 + (x_2 - \bar{x})^2 + \cdots + (x_n - \bar{x})^2}{n-1}}$$

$$\mathrm{STDEV.P} = \sqrt{\frac{(x_1 - \bar{x})^2 + (x_2 - \bar{x})^2 + \cdots + (x_n - \bar{x})^2}{n}}$$

で定義されます。これらの違いは平方根の中の分母が $n-1$ か n かです。S と P はそれぞれサンプル（sample），母集団（ぼしゅうだん）（population）の英語の頭文字ですが，あまりこれらの語の意味と標準偏差の定義とは結びついていません。高校数学では分母が n の STDEV.P のほうを習い，高校や予備校の先生が偏差値を求めるときには STDEV.P のほうを使います。一方，大学で習う統計学では，分母が $n-1$ の STDEV.S を 2 乗した「不偏分散（ふへんぶんさん）」がまず登場し，それの平方根として STDEV.S のほうの標準偏差が使われるのが一般的です。n が大きければどちらもほぼ同じ値ですので，違いをあまり気にすることはありません。

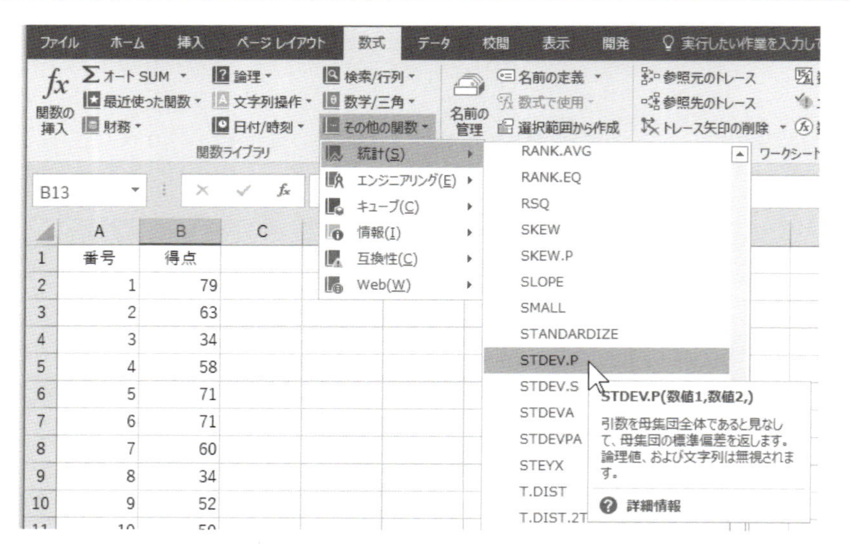

図 6.23　標準偏差が STDEV.P であることを忘れたら，ヘルプや関数一覧などから探す。

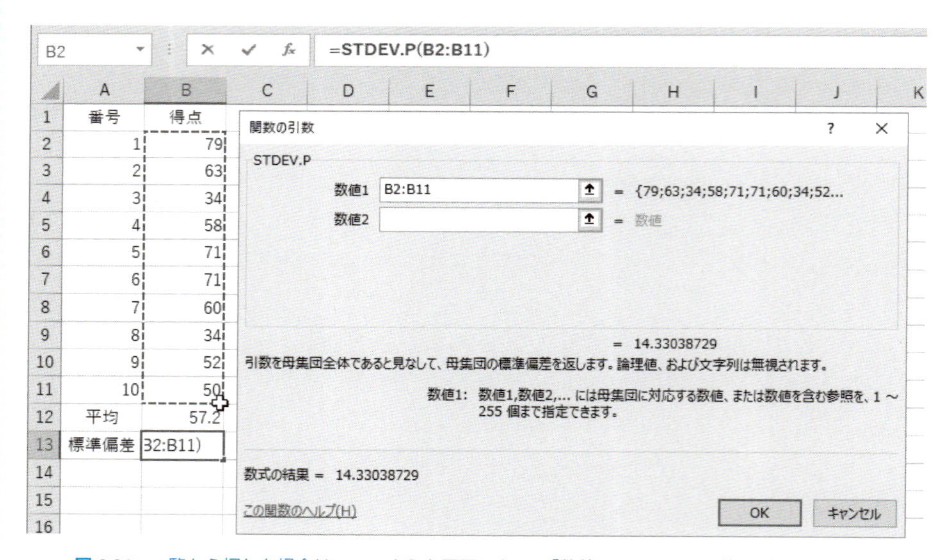

図 6.24　一覧から探した場合は，このような画面になる。「数値 1」のところに範囲が自動で入るが，間違って B2:B12 になってしまうので，マウスで B2～B11 をなぞる（または手で修正する）。「数値 2」は無視。これで標準偏差 14.33･･･ が求められる。

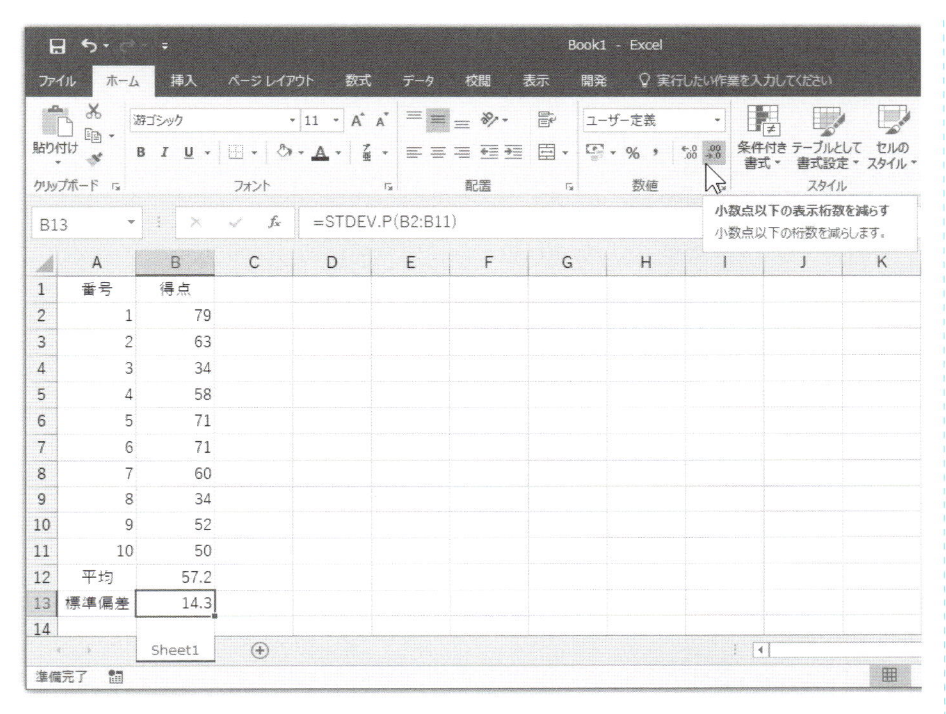

図 6.25　小数点以下 1 桁まで表示すれば十分なので，合計と標準偏差を選択し，［小数点以下の表示桁数を増やす］［小数点以下の表示桁数を減らす］ボタンを使って調節する。丸められるのは表示だけで，内部には正確な値が残っている。

続いて，日本の学校で広く使われている「偏差値」を求めてみます。偏差値の定義は

$$偏差値 = \frac{得点 - 平均}{標準偏差} \times 10 + 50$$

です。

得点は B2～B11 に並んで入っていますが，平均は B12 だけ，標準偏差は B13 だけに入っているので，扱い方が違います。次の計算例をよく理解してください。

STDEV.P　=(

	A	B	C	D
1	番号	得点	偏差値	
2	1	79	=(	
3	2	63		
4	3	34		
5	4	58		
6	5	71		
7	6	71		
8	7	60		
9	8	34		
10	9	52		
11	10	50		
12	平均	57.2		
13	標準偏差	14.3		
14				

B2　=(B2

	A	B	C	D
1	番号	得点	偏差値	
2	1	79	=(B2	
3	2	63		
4	3	34		
5	4	58		
6	5	71		
7	6	71		
8	7	60		
9	8	34		
10	9	52		
11	10	50		
12	平均	57.2		
13	標準偏差	14.3		
14				

図 6.26　（左）最初の人の偏差値を求めるセル C2 をクリックし，偏差値の定義をそのまま入力。まずは =(まで。まだ当分 Enter は押さない。（右）最初の人の点数は 79 点だが，79 と入れずに，セル B2 をクリック。あるいは手で b2 と打ち込んでもよい。

B12　=(B2-B12

	A	B	C	D
1	番号	得点	偏差値	
2	1	79	=(B2-B12	
3	2	63		
4	3	34		
5	4	58		
6	5	71		
7	6	71		
8	7	60		
9	8	34		
10	9	52		
11	10	50		
12	平均	57.2		
13	標準偏差	14.3		
14				

B12　=(B2-$B$12

	A	B	C	D	E
1	番号	得点	偏差値		
2	1	79	=(B2-$B$12		
3	2	63			
4	3	34			
5	4	58			
6	5	71			
7	6	71			
8	7	60			
9	8	34			
10	9	52			
11	10	50			
12	平均	57.2			
13	標準偏差	14.3			
14					

図 6.27　（左）点数から平均を引く。-（マイナス）を入れてから，平均の入っているセル B12 をクリック（あるいは手で b12 と入力）。（右）ここですぐにファンクションキー F4 を押す。B12 が $B$12 になる。これは「絶対参照」といって，後でフィルハンドルを引っ張ったときに場所が移動しないために必要。点数 B2 のほうは B3，B4，…のようにフィル操作で場所が移動するが，平均 B12 のほうは場所が固定しているため。

上で説明したように，F4 を押すと，参照（セル位置を表す B12 のようなもの）が，B12 →$B$12 → B$12 →$B12 → B12 →……と順繰りに変化します。$ が付いた部分が固定されます。$ はキーボードでは Shift を押しながら 4 ですので，F4 は覚えやすいでしょう。F4 を忘れたら，手で $B$12 と打ち込んでもかまいません。

このように参照するセルを固定することを**絶対参照**といいます。

B13　=(B2-$B$12)/$B$13*10+50

	A	B	C	D	E	F
1	番号	得点	偏差値			
2	1	79	=(B2-$B$12)/$B$13*10+50			
3	2	63				
4	3	34				
5	4	58				
6	5	71				
7	6	71				
8	7	60				
9	8	34				
10	9	52				
11	10	50				
12	平均	57.2				
13	標準偏差	14.3				
14						

図 6.28　閉じ括弧 ）を入れ，÷ を意味する / を入れ，標準偏差の入ったセル B13 をクリックし，ファンクションキー F4 を押して B13 を絶対参照にする。後は ×10 + 50 を意味する *10+50 を入力し，Enter を押すと，最初の人の偏差値 65.21243 が入る。

C2　=(B2-$B$12)/$B$13*10+50

	A	B	C	D	E	F
1	番号	得点	偏差値			
2	1	79	65.21243			
3	2	63				
4	3	34				
5	4	58				
6	5	71				
7	6	71				
8	7	60				
9	8	34				
10	9	52				
11	10	50				
12	平均	57.2				
13	標準偏差	14.3				
14						

図 6.29　求められた偏差値のセルをクリックし，フィルハンドルを下に引っ張る。

C2　=(B2-$B$12)/$B$13*10+50

	A	B	C	D	E	F
1	番号	得点	偏差値			
2	1	79	65.2			
3	2	63	54.0			
4	3	34	33.8			
5	4	58	50.6			
6	5	71	59.6			
7	6	71	59.6			
8	7	60	52.0			
9	8	34	33.8			
10	9	52	46.4			
11	10	50	45.0			
12	平均	57.2				
13	標準偏差	14.3				
14						

図 6.30　表示桁数は小数第 1 位までで十分。

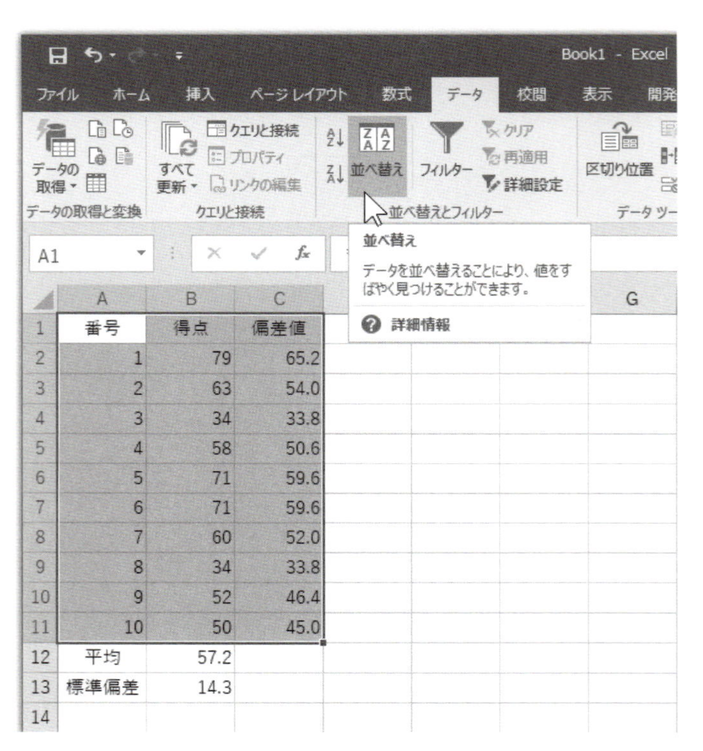

	A	B	C
1	番号	得点	偏差値
2	1	79	65.2
3	2	63	54.0
4	3	34	33.8
5	4	58	50.6
6	5	71	59.6
7	6	71	59.6
8	7	60	52.0
9	8	34	33.8
10	9	52	46.4
11	10	50	45.0
12	平均	57.2	
13	標準偏差	14.3	
14			

図 6.31　次は並べ替え。A1〜C11 を選択し，Office 2007 以降では「データ」タブから，それ以外では「データ」メニューから「並べ替え」を選ぶ。

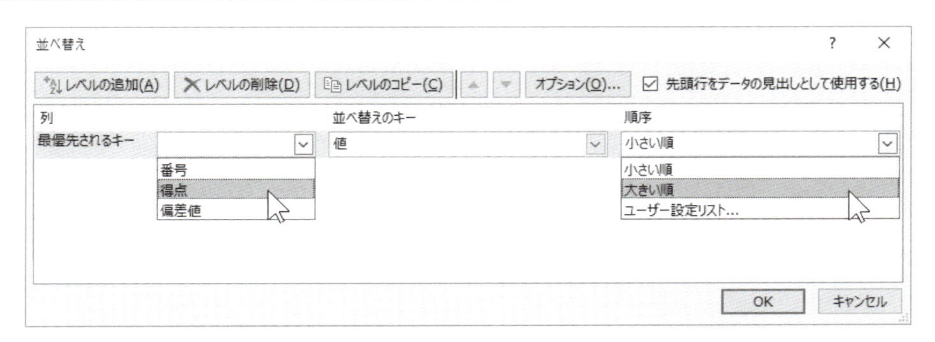

図 6.32　最優先されるキーを「得点」に，順序を「降順」にする。降順は降りる順（大→小），昇順は昇る順（小→大）。

	A	B	C	D
1	番号	得点	偏差値	
2	1	79	65.2	
3	5	71	59.6	
4	6	71	59.6	
5	2	63	54.0	
6	7	60	52.0	
7	4	58	50.6	
8	9	52	46.4	
9	10	50	45.0	
10	3	34	33.8	
11	8	34	33.8	
12	平均	57.2		
13	標準偏差	14.3		
14				

図 6.33　降順に並べ変わった。

これで完成です。標題を付けて罫線を引いてきれいにしましょう。標題を付ける行がない！？　大丈夫です。1 行目の 1 を右クリックして「挿入」を選んでください。

6.10 オープンデータの利用

自由に加工してよい**オープンデータ**がたくさんネット上で公開されています。Excel 形式で公開されているオープンデータもありますが，多くは，アプリケーションに依存しないテキストファイルの形式で公開されています。テキストファイルでデータを表す方式として，コンマ区切りの CSV[*13]，タブ区切りの TSV[*14] などがあります。特に CSV ファイルは，Excel でも簡単に開くことができるので，広く使われています。

*13　comma-separated values（コンマ区切りの値）

*14 tab-separated values（タブ区切りの値）。ここでいう「タブ」とは Tab キーを押したとき入力される制御文字（16進09）。

▶日本の出生数・死亡数

サポートページ https://github.com/okumuralab/literacy4/ から data → birthdeath.xlsx とたどると，1899 年以降の毎年の日本の出生数・死亡数のデータがあります。これをダウンロードして，Excel でグラフにしてみましょう。

この **GitHub**（ギットハブ）というサイトは，文書（Markdown 形式など），データ（CSV，TSV 形式など），プログラムのソースコードなどをだれでも無料で公開できる場所です。オープンデータの公開にも広く利用されています。

サイト画面の右側にある Download をクリックして，ファイルをダウンロードします。おそらく「ダウンロード」というフォルダに保存されたはずです。

Windows ならエクスプローラー，Mac なら Finder を立ち上げ，さきほどダウンロードした birthdeath.xlsx を見つけてダブルクリックすると，Excel が立ち上がります*15。これをグラフにしてみましょう。

まずは Excel のシートから，列名を含めた全データ（3 列 121 行）を選択しましょう*16。

次に，「挿入」タブのグラフで「散布図（直線とマーカー）」を選びます（「折れ線」ではうまくいきません）。出生数と死亡数の折れ線グラフが現れます。小さくて見にくいので，グラフエリアを右クリックし，「グラフの移動」で「新しいシート」を選んで OK します。

グラフから何が言えるか，考えましょう。1944〜1946 年はなぜ途切れているのでしょうか。1966 年に出生数が激減していますが，なぜでしょうか。

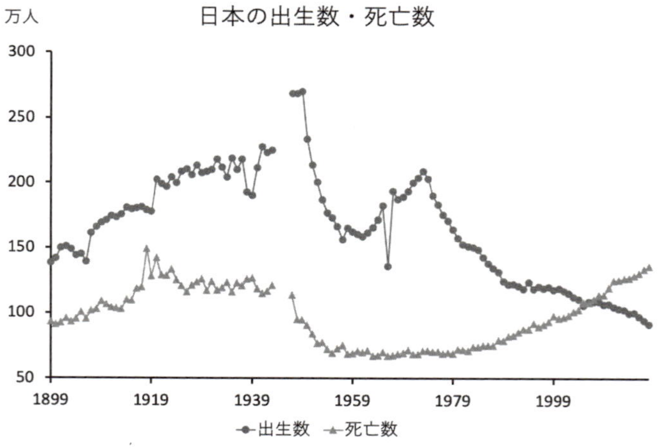

図 6.34　日本の出生数・死亡数。上の手順でできるグラフを見やすく改良したもの。改良の手順は以下参照。

上の手順でとりあえずグラフはできますが，そのままの状態では必ずしも見やすくありません。ここではグラフができただけで満足しないで，設定を変えて見やすく改良していきます。上のグラフでは下記のようにしました。

*15 birthdeath.xlsx はセルの結合や複雑な罫線がないのでデータ処理がしやすく，R や Python でも扱いやすいファイルです。R や Python で処理する方法は第 13 章や付録 A で学びます。

*16 簡単に選択する方法：Excel でまず左上の「年」を選択し，[ctrl] + [shift] + [→] で表の右端（「死亡数」）まで選択し，続いて [ctrl] + [shift] + [↓] で表の下端（2018年）まで選択します。Mac では [ctrl] の代わりに [⌘] でもできます。別の手段として，列先頭の「A」をクリックし，[shift] を押しながら「C」をクリックしても，あるいは単に「A」〜「C」をドラッグするだけでも，全データが選択できます。この場合，余分な行も選択されますが，グラフを描く時点で無視されます。

- 折れ線グラフは 0 から始める必要はありません。縦軸を始める値を変えるには，縦軸の値のところを右クリックして「軸の書式設定」を選び，「軸のオプション」→「境界値」→「最小値」を変更します。ここでは「500000」にしてみます*17。「横軸との交点」の「表示単位」を「10000」にすると，数字の桁数が減ってすっきりします。ただし，単位が万人であることを示す必要があります。縦軸のところに出てきた「x 10000」を右クリックして「表示単位の書式設定」を選び，「文字のオプション」→「テキストボックス」→「文字列の方向」で「水平」を選びます。テキストボックスの中身を「万人」に変え，位置も調整します。

- 横軸の範囲も縦軸と同じように，データの範囲に合わせて最小値を「1899」最大値を「2018」にします。

- デフォルトではグラフ内部に縦横の目盛線が出てきますが，ここでは消してすっきりさせます。消すには線を右クリックして「削除」します。代わりに軸の外側に目盛を入れることにします。軸を右クリックして「軸の書式設定」→「目盛」→「目盛の種類」で「外向き」を選びます。また，軸が薄くて細いので，「軸のオプション」→「塗りつぶしと線」の「線」で調節します。ここでは線の幅を 2 ポイントに，色を黒にしました。

- デフォルトの状態では，色がないと出生数と死亡数を区別しにくいので，死亡数を表す記号（マーカー）を変更します。死亡数のプロットを右クリックして「データ系列の書式設定」を選び，「塗りつぶしと線」→「マーカー」→「マーカーのオプション」で▲を選びます。ここではサイズも 7 ポイントにして大きくしてみました。

- 文字が全体的に薄くて小さいので，それぞれの文字を右クリックして「フォント」を選んで調節します。ここでは色は黒にして，フォントサイズはタイトルは 24 ポイント，それ以外は 18 ポイントにしてみました。

*17 棒グラフの場合は，縦軸は0から始める必要があるので，「最小値」は必ず0にします。

▶地球温暖化

気象庁が https://www.data.jma.go.jp/cpdinfo/temp/list/csv/an_wld.csv で世界の年平均気温偏差（℃）のデータを CSV ファイルで公開しています*18。このデータを使って地球温暖化の様子を調べてみましょう。

上記 URL からダウンロードした `an_wld.csv` の中身は，下記のようにコンマで区切った値が並んでいるだけのテキストファイルです。このような形式が CSV です。

*18 このCSVファイルは文字コードがシフトJISですので，古いExcelでも文字化けしません。文字コードがBOMなしUTF-8の場合，現状では文字化けします。

```
年, 世界全体, 北半球, 南半球
1891,-0.63,-0.68,-0.59
1892,-0.71,-0.80,-0.62
1893,-0.75,-0.87,-0.63
1894,-0.70,-0.73,-0.68
1895,-0.68,-0.75,-0.60
1896,-0.47,-0.53,-0.42
1897,-0.49,-0.53,-0.45
1898,-0.66,-0.65,-0.68
1899,-0.56,-0.58,-0.55
1900,-0.49,-0.48,-0.51
... 以下略...
```

図 6.35　気象庁が CSV 形式で公開する地球温暖化データ。

an_wld.csv をダブルクリックして Excel で開き，さきほどと同様にグラフにします。グラフから何が言えるか，考えましょう。

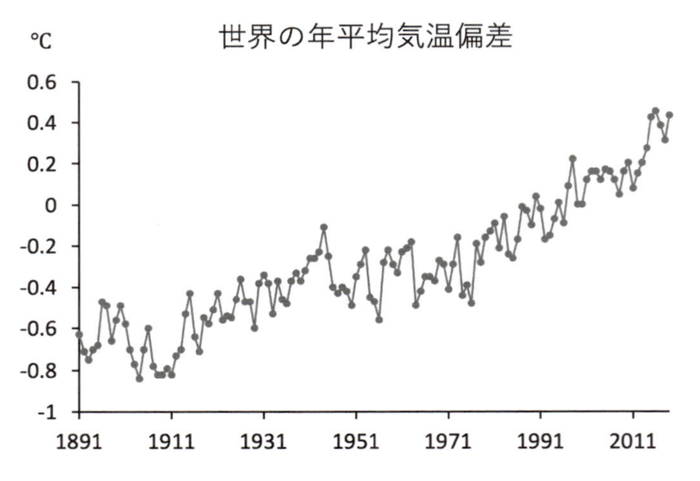

図 6.36　地球温暖化。ここでは「世界全体」のみをグラフにしたが，「北半球」や「南半球」も同様にグラフにできる。

✎ このグラフも見やすく改良してあります。デフォルトの状態では横軸は縦軸の目盛 0 のところに引かれますが，折れ線グラフと横軸の文字が重なって見にくくなります。このグラフでは，縦軸を右クリックして「軸の書式設定」→「軸のオプション」→「横軸との交点」で「軸の値」を「-1.0」に変えて，折れ線グラフと文字が重ならないようにしました。

6.11 データサイエンス，AI

Excel のような高機能の表計算ソフトの使い方を覚えると，セル結合を駆使して複雑な罫線を実現したりする，いわゆるネ申（かみ）Excel への道に走りがちですが，かえって自動入力・自動集計が困難になり，仕事の効率化の妨げになりかねません。

データを CSV 形式で表せるような単純な形式にしておけば，手作業だけでなく，後で学ぶプログラミングを使って，作業が自動化できます[※19]。

国や自治体などが持っている大量のデータも，オープンデータとして公開されれば，それらを組み合わせて分析し，有用な結論が得られるかもしれません。

データに基づいて科学的に考える方法を体系化したものが，**データサイエンス**です。データサイエンスは，従来からある統計学も含みますが，大量のデータ（いわゆる**ビッグデータ**）をコンピューターで処理する技術を取り入れることにより，できることの幅が広がっています。

データサイエンスに限らず，科学の方法の一つに，対象となるものの本質を数学的に表した**数理モデル**を作ること（**モデル化**）があります。

例えば地球温暖化のデータについていえば，年を x，平均気温を y で表して，

$$y = ax + b$$

のような 1 次式でモデル化することができます。ここで x と y がデータですが，a と b はデータから求められる定数です。この a と b のようなものを，モデルの**パラメータ**といいます。実際にこれらのパラメータを求めることは，後の第 13 章や付録 A で行います。

ここではパラメータは二つでしたが，もっとパラメータの多い複雑なモデルもあります。大量のデータをコンピューター（機械）に与えて，機械がパラメータをデータに合わせて改良していく様子は，私たちが外界から知識を取り入れて学習していく様子にたとえられます。このような意味で，パラメータを求めるために機械が行うことを**機械学習**（machine learning）と呼ぶことが増えてきました。

機械学習を含むコンピューターによる複雑な処理は，表面的には，人間の知能が行うことに次第に近づいているように見えます。この意味で，機械の行う複雑な処理を**人工知能**（artificial intelligence），略して **AI**（エーアイ） と呼ぶことがあります。

本稿執筆時点では 1750 億個のパラメータを持つ GPT-3 というモデルが世界最大だと思われます[※20]。このモデルにネット上の大量の文章を学習させると，人間が書いたのと区別がつかないような文章を自ら作り出すようになります。しかし，本当にコンピューターが考えているわけではありません。本当に人間のように考える AI が出現するのかどうかは，まだだれにもわかりません。

※19 CSV形式より複雑な構造を持つデータをテキストファイルで表す方法として，XML形式や JSON（ジェイソン） 形式があります。これらの形式のファイルを読むためには，第 13 章の R や付録 A の Python を使います。最近は，ネットで複雑なデータを提供する Web API という仕組みがよく使われるようになりましたが，その際に使うデータ形式として JSON が人気です。

※20 https://arxiv.org/abs/2005.14165

7 プレゼンテーション

PRESENTATION

プレゼンテーションとは，人々の前で発表することです。最近では略して「プレゼン」ということもあります。

ここでは PowerPoint を使ったプレゼン資料作成と，一般的なプレゼンの心構えを学びます。

7.1 プレゼンテーションとは

黒板やホワイトボード，模造紙を使ってもプレゼンテーションはできます。昔の紙芝居も立派なプレゼンテーションです。

最近は，パソコンの画面をプロジェクタでスクリーンに投影して行うプレゼンテーションが増えました。その際に使われるプレゼンテーションソフト（電子紙芝居ソフト）には，Microsoft の **PowerPoint**（パワーポイント）のほか，Apple の Keynote（キーノート），オープンソースの OpenOffice（オープンオフィス）／LibreOffice（リブレオフィス）の Impress（インプレス）などがあります。特別なプレゼンソフトを使わずに，スライド（投影資料）は PDF で用意して，通常の閲覧ソフトを使う人もいますし，Web ブラウザー上で動く JavaScript で作られたツールでプレゼンする人もいます。最近では Prezi のような新しいタイプのソフトも使われ始めています。

良いプレゼンの見本として，よく Apple の Steve Jobs（スティーブ ジョブズ）が引き合いに出されます。また，TED（https://www.ted.com/）のプレゼンには優れたものが多数あります。プレゼン上手になるには，良いプレゼンを見ることと，場数を踏むことが大切です。

7.2 PowerPointの使い方

▶起動

Windows では，タスクバーやデスクトップにある PowerPoint のアイコンから，あるいは検索ボックスに「PowerPoint」と打ち込んで検索して，起動します。Mac では，Dock の「P」の文字がついているアイコンまたは Finder →アプリケーション→ Microsoft PowerPoint です。

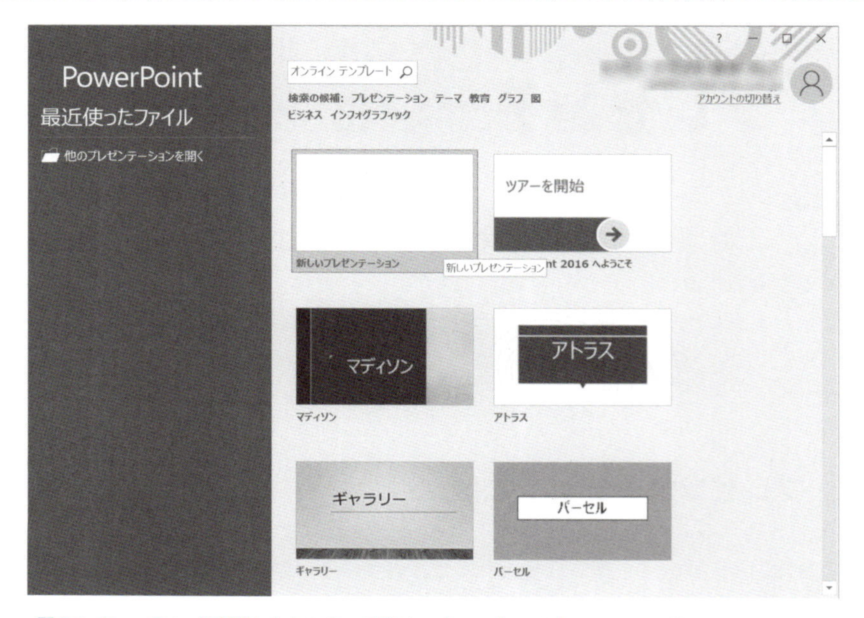

図 7.1　PowerPoint を起動したところ。デザイン（テンプレート）は，ここで選んでもよいし，スライド作成中でも選べる。

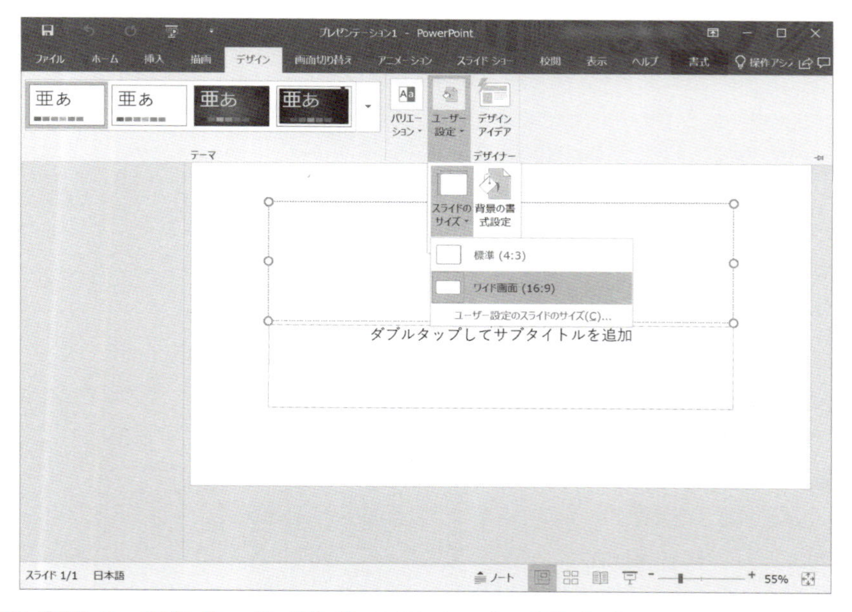

図 7.2　「デザイン」タブの「ユーザー設定」「スライドのサイズ」で標準（4:3）かワイド画面（16:9）を選ぶ。

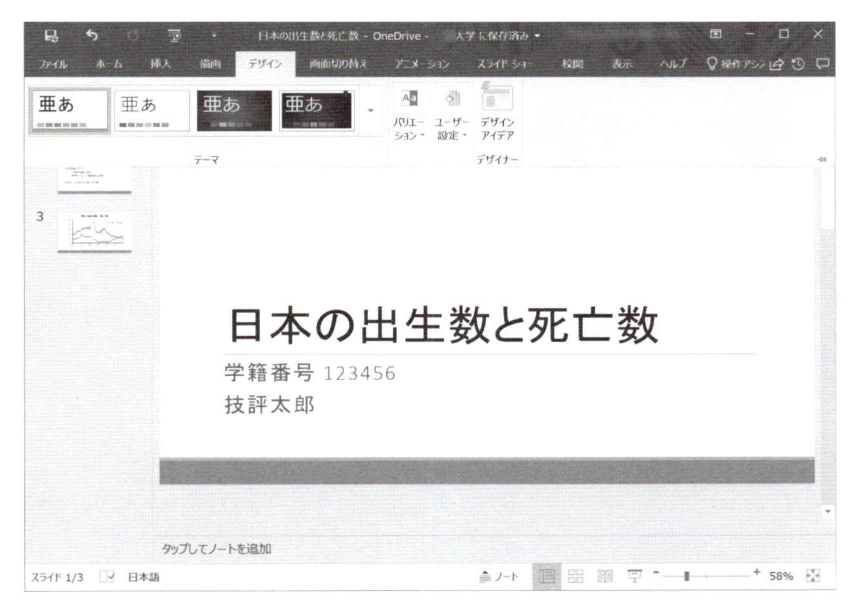

図 7.3　「デザイン」タブでデザインを選ぶ。タイトルと発表者名を入れる。下部中央の「ノート」をクリックし，ノート（発表者ノート）を入力できるようにした。

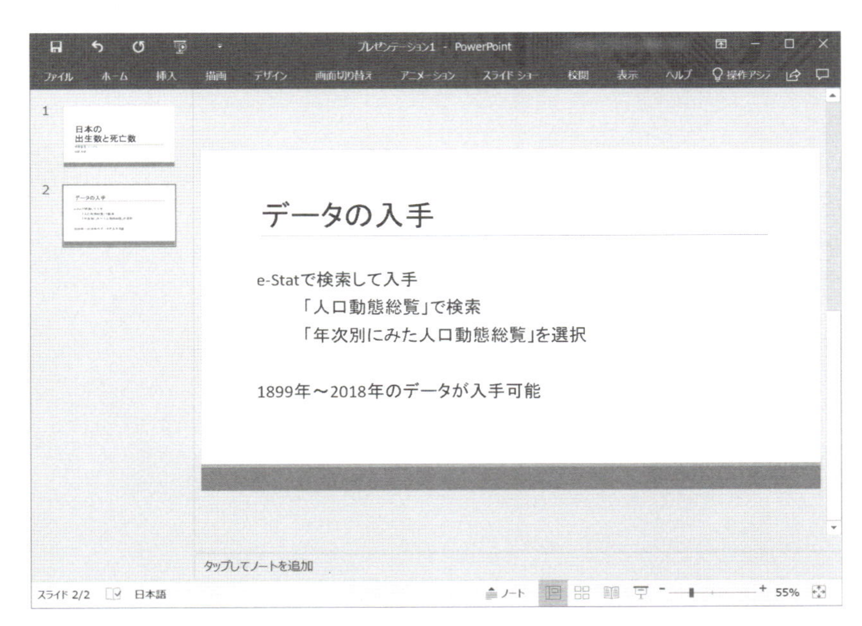

図 7.4　［新しいスライド▼］でスライド（ページ）を追加。スライドに書くのは要点だけ。話す際に必要となるノートは，発表者の画面だけに表示される「ノート」（発表者ノート）に書き込む。

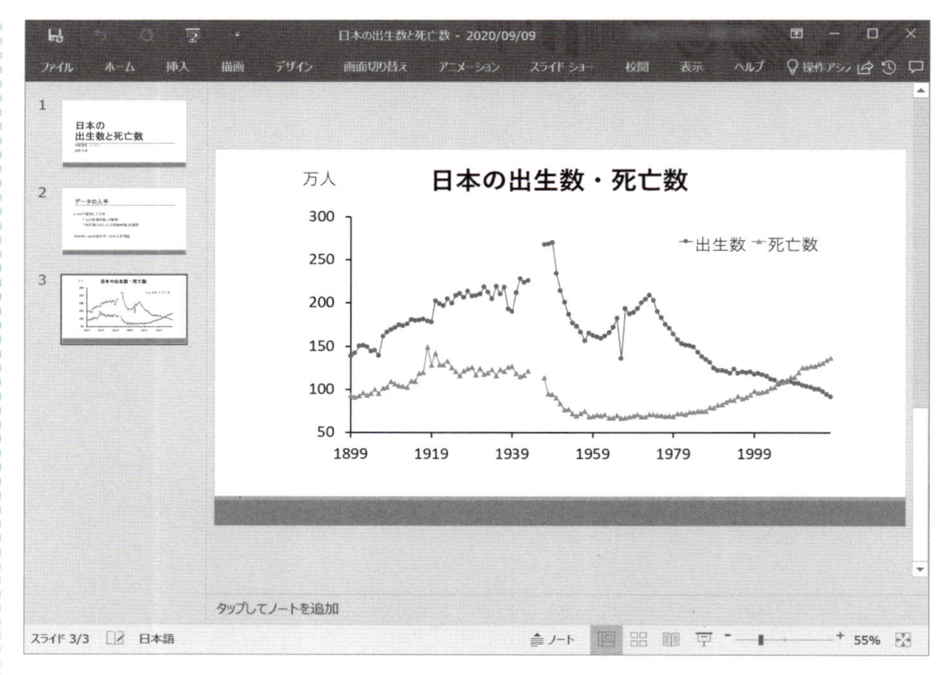

図 7.5　Excel のグラフを貼り付けたところ。ここでは第 6 章で作成したグラフを，スライド用に調節して貼り付けた。例えば文字は全体的に大きくして，スライドの下部は見えにくいので凡例を下から右上に移動している。

▶保存

「ファイル」の「名前を付けて保存」で「PowerPoint プレゼンテーション（*.pptx）」として保存します。拡張子は pptx になります（例：presen.pptx）。最終版のファイルは「PDF（*.pdf）」でも保存しておくと，プレゼンに使うパソコンで PowerPoint がうまく開けないときにも安心です。

▶スライドショーの開始

「スライドショー」タブの「最初から」または「現在のスライドから」でスライドショーを開始します。マウスをクリックして先に進めるほか，矢印キーを使うこともできます。最近では無線マウスの類を使ってプレゼンをする人も増えました。

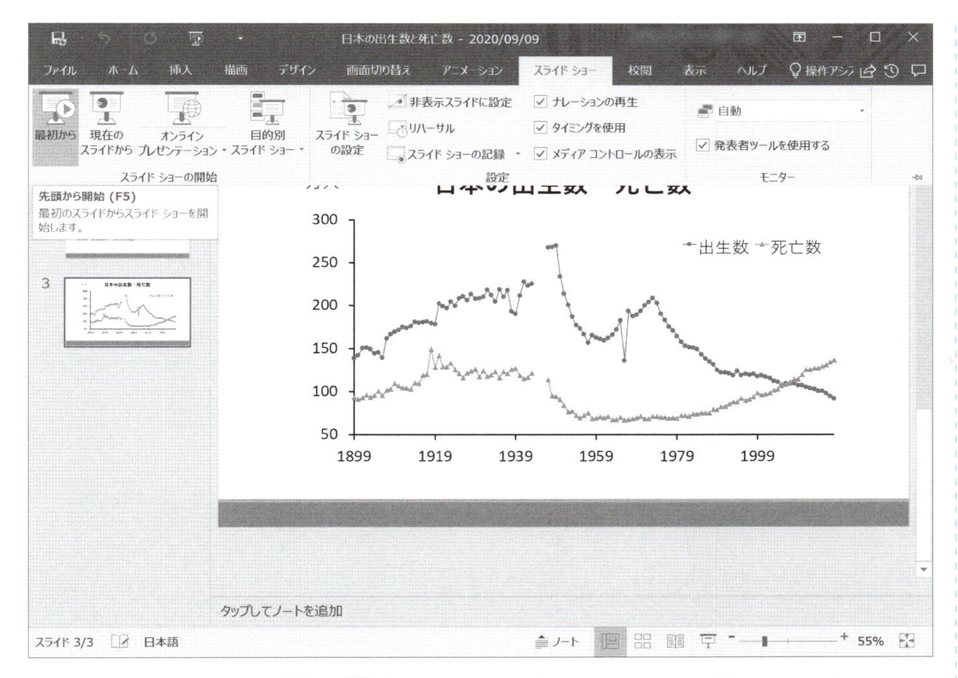

図 7.6　スライドショー開始は F5 キーでもできる。デュアルディスプレイ対応のノートパソコン（パソコンとプロジェクタに別の画面を表示できる）なら，発表者用の画面と発表用の画面を分けられる。「ノート」を入力しておけば発表者用の画面だけに表示されるので，自信がない場合はスピーチ原稿をノートにしておこう。

▶ナレーション入りスライドショーの作成

最近は，プレゼン動画を作ってネットでほかの人に見てもらう機会が増えました。ナレーション入りの PowerPoint ファイルを作るには，「スライドショー」タブの「スライドショーの記録」で録音します。動画ファイルで書き出すには「ファイル」の「エクスポート」で動画フォーマットを選びます。

▶スマホ版 PowerPoint の活用

移動中でパソコンが使えないようなときでも，スマホ版 PowerPoint を使えばプレゼン内容の確認や編集ができます。パソコンと同様に，プロジェクタに接続してプレゼンすることもできます。

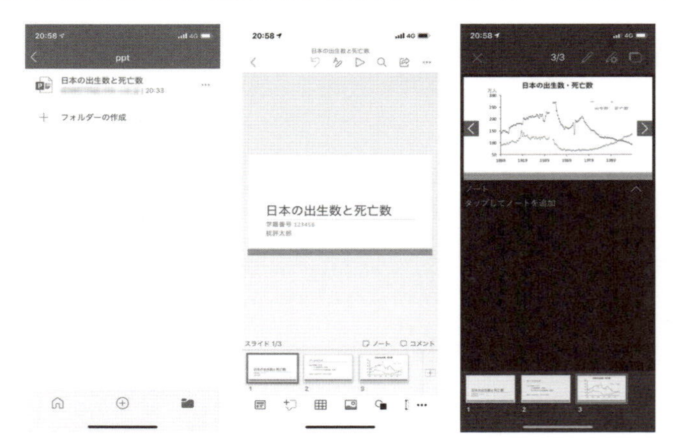

図 7.7　クラウド（OneDrive）に保存しておいた pptx ファイルを iOS 版 PowerPoint で開いたところ。

7.3 セカンドスクリーンへの表示

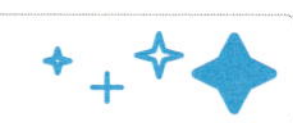

ノートパソコンの外部ディスプレイ端子にプロジェクタを接続すると，ノートパソコン画面とプロジェクタに別々の画面を表示することができます。PowerPoint などのプレゼンソフトは，このことを利用して，プロジェクタにスライドを表示し，ノートパソコン画面には発表者ツール（現在のスライド・次のスライド・ノート・経過時間など）を表示します。

最近の PowerPoint では自動的にこのようになりますが*1，うまくいかないときは，Windows ならデスクトップの何もないところを右クリックし，「ディスプレイ設定」を選びます。Mac なら「システム環境設定」の「ディスプレイ」で設定します。通常はメインのディスプレイ（プライマリモニター）の右側に外部ディスプレイが配置されますが，ミラーリング（同じ内容の表示）にも切り替えられます。

現在，プロジェクタの映像入力端子としてよく用いられているのは HDMI（デジタル）と VGA（アナログ）です。一方で，ノートパソコンの小型化・薄型化や技術の進歩に伴って，Mini DisplayPort やさらに新しい規格である USB Type-C*2（USB-C）を映像出力端子として採用するノートパソコンも増えつつあります。こうしたノートパソコンを HDMI や VGA でプロジェクタに接続するには変換アダプタが必要です。

*1 「スライドショー」タブで「モニター」を自動，「発表者ツールを使用する」にチェックを付けた状態でこうなります。

*2 USB Type-C の端子の形状はリバーシブルであり，接続の際に端子の上下を気にしなくて良いのが大きな利点です。ノートパソコンの中には，パソコン本体の充電，映像出力，データ転送のすべてを USB Type-C 端子で行う機種もあります。

7.4 PowerPoint 以外の選択肢

▶OpenOffice ／ LibreOffice の Impress

無償でダウンロードできるオープンソースのプレゼンテーションソフトです。

▶Keynote

Keynote（キーノート）は Mac，iPad，iPhone で使えるプレゼンテーションソフトです。Apple の Steve Jobs（スティーブ ジョブズ）が新製品発表などの際の演説（キーノートスピーチ）をするために開発したということです。PowerPoint よりずっとシンプルですが，美しいスライドを作るための基本的な機能を過不足なく備えています。

▶PDF を使ったプレゼンテーション

PDF を開くためのソフトは，ほとんどのパソコンに入っています。そこで，PDF でプレゼンテーションを作っておけば，プレゼンテーションソフトのバージョンの違いを心配することなく，どんな環境でもプレゼンできます。

▶HTML によるプレゼンテーション

HTML で（一つの長い Web ページとして）プレゼンを用意しておくという手もあります。Web ブラウザーさえあればプレゼンできます。

文字サイズをいくらでも大きくできるブラウザーなら，会場に合った文字サイズにしてプレゼンできます。Ctrl + +*3 で文字を大きくできます。リンクされた外部ページは新しいタブで開けば，文字サイズは独立に変えられます。

*3 Mac では ⌘ + +

プレゼンテーションソフトと同じような操作にする JavaScript プログラムもいくつか作られています。こういったものを使えば，プレゼンテーションをそのまま Web で公開することも簡単にできます。

▶コンピューターを使わないプレゼンテーション

黒板・ホワイトボード・模造紙も立派なプレゼンテーションの道具です。プレゼンテーションソフトより黒板を使う授業のほうが生徒の成績が良いという報告もあります。

7.5 よいプレゼンテーションのしかた

▶白地に黒？　黒地に白？

一般には，黒っぽい地に白っぽい文字が見やすいとされています。暗い部屋でのプレゼンは特にそうです。有名な Steve Jobs のキーノートスピーチでは，背景は黒のグラデーション，文字は白を使っていますが，これは暗い部屋でステージの下方だけ明るくして行う場合に最適な設定です。明るい部屋で行う場合は，白地に黒文字のほうがいいでしょう。ただしテレビカメラは純白の背景を嫌います。また，黒地のまま印刷するとトナーを大量に消費します。

▶フォントはゴシック系

プレゼン用のフォントは，ゴシック系（サンセリフ系）が基本です。一例を挙げるなら，Windows のメイリオ，Mac のヒラギノ角ゴシックが，プロジェクタでも見やすいフォントです*4。小部屋で大きめの文字を使うなら，太めの明朝体でもかまいません。ポップ体はスーパーの安売りのイメージですので，学術系のプレゼンには馴染みません。

*4 本書執筆時の Windows の PowerPoint のデフォルトは，見出しが游ゴシック Light，本文が游ゴシック Regular です。遠くから見るにはちょっと細いかもしれません。

▶スライドを読ませない

慣れていない人は，しゃべる内容をスライドに書き込んで，それを読み上げるようなプレゼンテーションをしがちですが，聴衆は声を聞くより先に黙読し，退屈してしまいます。

スライドに書き込むのは，文章より箇条書き，箇条書きより図にしましょう。聴衆にスライドを読ませるのではなく，スライドの図を見てもらいながら，あなたの話を聴いてもらいましょう。スライドに箇条書きを書いた場合は，それを読み上げるのではなく，別の言葉で説明しましょう。

どうしても原稿が必要なら，紙に書いて自分だけで見ましょう（あるいはデュアルディスプレイ対応パソコンなら，発表者スクリーンの「ノート」に書いておきましょう）。

▶アニメーションに頼らない

PowerPoint のおかげで，話の理解に役立たないアニメーションが多用されるようになりました。最初おもしろがっていた人も，今ではうんざりしています。今さらこのようなアニメーションを使うことはありません。本当に理解に役立つところだけアニメーションにしましょう。

▶「ご清聴」は不要

最後のスライドを「ご清聴ありがとうございました！」にする人がいますが，こういう感謝はまったく必要ありません。ましてや，このような情報量のない画面を最後の質疑応答の間ずっと表示させておくのは無駄です。「ご清聴」ではなく，発表の最後の「まとめ」のページで終わりましょう。そのほうが，自分の発表をより印象づけられ，聞き手も質問をしやすくなります。

8 Webによる情報発信

CREATING WEB PAGES

HTML5 と CSS を使った Web ページ作成の基本と，Web による情報発信の心構えを学びます。

8.1 Webの歴史

第 3 章，第 10 章でも学びましたが，インターネット（の前身の ARPANET）ができてから Web が誕生するまで，20 年の歳月が流れました。

1989 年，フランスとスイスにまたがる世界最大の素粒子物理学*1 の研究所 CERN に勤めていた Tim Berners-Lee が，世界中の物理学者たちの研究を互いにリンクして簡単に閲覧できる仕組みを考案しました。これが World Wide Web（WWW），後に Web と呼ばれるようになったものです。1991 年，CERN で最初の Web サイトが立ち上がりました。

Web のアイデアは簡単で，例えば

```
WebはCERNで発明された。
```

と書く代わりに

```
Webは<a href="https://home.cern">CERN</a>で発明された。
```

と書けば，

WebはCERNで発明された。

と表示され，CERN の部分をクリックすると `<a href="...">` で指定されたページ（上の例では https://home.cern）に飛ぶというものです。このような仕組みを**ハイパーリンク**（hyperlink）または単に**リンク**（link）といいます。

リンクのあるテキストを**ハイパーテキスト**（hypertext）と呼び，`<a href="...">...</a>` のような**タグ**を使ってハイパーテキストを作る仕組みを **HTML**（Hypertext Markup Language，ハイパーテキスト・マークアップ言語）と呼びます。

HTML は次第に仕様が膨らんでいき，整理が必要になってきました。そこで，HTML から文書の見栄えにかかわる部分が **CSS**（Cascading Style Sheet）という別の仕組みに移されました。

HTML はバージョンにより書き方が少しずつ違います。現在広く使われているのは **HTML5** です。

*1 万物は素粒子（電子，陽子，中性子など）から成り立っています。この素粒子の性質を研究するのが素粒子物理学です。現在では，陽子や中性子は本当の素粒子ではなく，それぞれ3個のクォークでできていることがわかっています。2012年にCERNの実験で Higgs 粒子という新しい素粒子が発見され，この粒子の理論を考えた人たちが2013年にノーベル物理学賞を受賞しました。

8.2 HTML5 と CSS を使った Web ページ作成

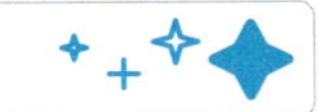

以下では，HTML5 と CSS に基づいた Web ページの制作方法を解説します。

次の内容をテキストエディター（Windows では「メモ帳」など）に入力して，index.html というファイル名で保存してください。

```
<!DOCTYPE html>
<html lang="ja">
<head>
<meta charset="UTF-8">
<title>私のホームページ</title>
<link rel="stylesheet" href="style.css">
</head>
<body>
<h1>私のホームページ</h1>
<p>工事中</p>
</body>
</html>
```

保存の際の文字コードは，ここでは UTF-8 とします[*2]。もし UTF-8 で保存できない場合は，シフト JIS（「メモ帳」では ANSI）で保存し，`charset="UTF-8"` となっているところを `charset="Shift_JIS"` に変えてください。

*2 BOM 付きでも BOM なしでもかまいません。

また，次の 3 行の style.css を作り，同じ場所に保存します。これは 5% の余白を設けるという指定です。

```
body {
  margin: 5%;
}
```

両方保存したら，index.html をダブルクリックしてみましょう。ブラウザーが立ち上がって，ページが表示されます。

これだけでは，自分のパソコンの中のファイルを見ているだけです。Web ページとして公開するには，サーバーがなければなりません。

▶アップロードのしかた

サーバーへのアップロードは，Windows では FFFTP や WinSCP，Mac では FileZilla などのソフトを使って行います（rsync などのコマンドでもできます）。

接続した後のファイルの送り方は，サーバーごとに違います。一般に，サーバー側に public_html というフォルダーがある場合は，それをダブルクリックして開いてから，その中にドラッグ＆ドロップ（引っ張っていって落とすこと）します。デスクトップなどにあるファイルのアイコンも，右側（サーバー側）にドラッグ＆ドロップできます。public_html というフォルダーがない場合は，そのまま右側の枠内にドラッグ＆ドロップすればいい場合や，public_html フォルダーを作らなければいけない場合，別の名前（Sites

など）のフォルダーを使う場合などがあります。

サーバーに index.html ファイルが正しく送られているか確かめる方法は，サーバーによって違いますが，よく行われているサーバーの設定では Web ブラウザーのアドレス欄に[*3]

https://サーバー名/~ユーザー名/

のように入力します。例えばサーバー名が www.example.ac.jp，ユーザー名が hoge なら，Web ブラウザーのアドレス欄に https://www.example.ac.jp/~hoge/ のように入力します[*4]。ユーザー名の前の ~ は**チルダ**（tilde）という文字で，通常の JIS キーボードなら Shift ＋ ^ で入力できます（下図）。

*3 以下で https: となっているところは，サーバーによっては http: です。

*4 右側（サーバー側）のファイル名をダブルクリックしても，それらしいものが表示されることがありますが，これは確認になりません。

図 8.1　チルダの入力。JIS キーボードでは 0 の右の右，US キーボードでは 1 の左。

8.3 いろいろなタグ

開始タグ，終了タグ，その中身を合わせて**要素**といいます。

▶見出し

<h1> ... </h1> が一番大きい見出しです。<h2> ... </h2> が 2 番目に大きい見出しです。以下，<h6> ... </h6> まであります。

▶段落

<p> ... </p> が段落です。

▶引用文

前後で改行する引用文は <blockquote> ... </blockquote> です。

```
<p>パスカルは</p>
<blockquote>
<p>人間は考える葦である。</p>
</blockquote>
<p>と言った。</p>
```

パスカルは

　　人間は考える葦である。

と言った。

▶箇条書き

箇条書きは <ul> ... </ul> です。各箇条は <li> ... </li> で表します。

```
<p>ネットでよく使う画像：</p>
<ul>
<li>JPEG（ジェイペグ）</li>
<li>PNG（ピング）</li>
<li>SVG（エスブイジー）</li>
</ul>
```

ネットでよく使う画像：

- JPEG（ジェイペグ）
- PNG（ピング）
- SVG（エスブイジー）

✎ ul は unordered list（番号の付かない箇条書き），li は list item（箇条書きの項目）の意味です。

▶番号付き箇条書き

番号付き箇条書きは <ol> ... </ol> です。各箇条は <li> ... </li> で表します。

```
<p>よく使うブラウザー：</p>
<ol>
<li>Google Chrome</li>
<li>Firefox</li>
</ol>
```

よく使うブラウザー：

1. Google Chrome
2. Firefox

✎ ol は ordered list（番号の付く箇条書き）の意味です。

▶用語と説明

```
<dl>
<dt>HTML</dt>
<dd>Web ページをマーク付けするた
めの言語</dd>
<dt>CSS</dt>
<dd>Web ページの見栄えを整えるた
めの言語</dd>
</dl>
```

HTML

　Web ページをマーク付けするための言語

CSS

　Web ページの見栄えを整えるための言語

✎ dl は description list（記述リスト），その中の dt は term（用語），dd は description（記述）または definition（定義）の意味です。

▶横棒

横棒は <hr> と書きます。

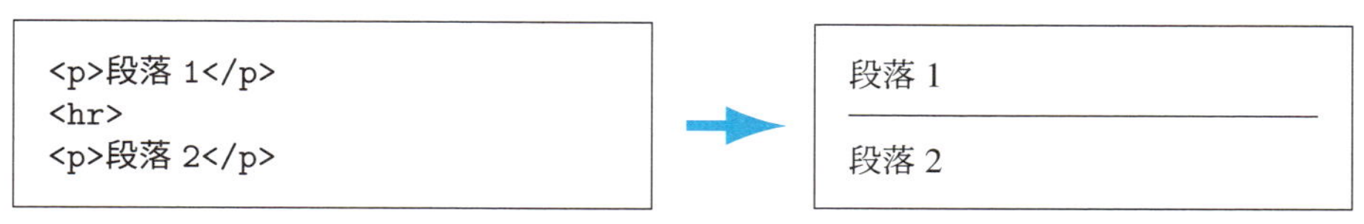

✎ hr は horizontal rule（水平の罫線）の意味です。

▶汎用のブロック

<div> ... </div> は汎用のブロックを作るためのタグです。スタイルシートを適用するためなどで，名前を付けるために使われます。

```
<div class="head">
<h1> ...  </h1>
<p> ...  </p>
</div>
```

▶画像

画像は次のようなタグで埋め込みます。

```
<img src="ファイル名" alt="文字情報">
```

例：

```
<img src="kirin.jpg" alt="きりん">
```

文字情報は，画像を表示しないブラウザー（音声ブラウザーも含めて）のためのものです。すべての人が画像を表示している（見える）わけではありませんので，必ず文字情報を付けましょう。文字情報を持たない単なる飾りの絵なら，alt="" のように空にしておきます。

▶リンク

リンクを作るためのアンカー要素です。例えば Google（検索サイト）へのリンクを設定するには次のように書きます。

```
<a href="https://www.google.com/">Google</a>
```

✎ a href の a は anchor（アンカー，錨（いかり））の意味です。<a href="..."> ... </a> をアンカー要素といいます。href は hypertext reference または hyperreference から来ています。

✎ 同じドメイン名のトップの index.html へのリンクは <a href="/"> のように / だけでかまいません。同様に，同じフォルダー内の index.html へのリンクは <a href="./"> で，一つ上のフォルダーの index.html へのリンクは <a href="../"> でできます。このように，デフォルトのファイル名（index.html など）へのリンクでは，ファイル名を省略する形で統一します。

▶**強調**

強調（stress emphasis）は <em> ... </em> で，強い重要性（strong importance）は <strong> ... </strong> で表します。

デフォルト（無設定の状態）では em は*斜体*，strong は**太字**になります。ただし，日本語を機械的に*斜体*にしたものは見苦しく，フォントによっては日本語は斜体になりませんので，日本語では後で述べるスタイルシートで再定義したほうがいいでしょう。

8.4 スタイルシート

<em> ... </em> は強調を意味しますが，デフォルトでは*斜体*になります。ところが，自分は*斜体*ではなく赤い文字にすることで強調を表したいとします。

このようなときにスタイルシートを使います。スタイルシートの仕組みとして現在使われているのが **CSS**（Cascading Style Sheet（カスケーディング スタイル シート））です。

CSS を使うには，HTML 文書の頭の部分 <head> ... </head> の内側に，

```
<link rel="stylesheet" href="style.css">
```

と書いておきます（style.css は拡張子が css であればファイル名は何でもかまいません）。そして，style.css というテキストファイルに次のように書き込んで，サーバーに送ります（右側の説明を書く必要はありません）。

```
em {
  font-style: normal;     /* フォントのスタイルは斜体ではなく標準に */
  color: red;             /* 色を赤に変える */
}
```

もう一つ試してみましょう。今度は本文全体（<body> ... </body>）のまわりに余白（マージン）を少しだけ付けてみましょう。さきほどの style.css に次のように書き足します（右側の説明を書く必要はありません）。

```
body {
  margin: 5%;             /* 周囲に 5 %の余白を */
  line-height: 1.5;       /* 行送りを全角 1.5 文字分に */
}
```

これで，周囲に余白ができ，行の間隔が広くなって，読みやすくなったと思います。

これは一例です。スタイルシートを活用すれば，ページのデザインが自由に変えられます。詳しくはネットでスタイルシートについての解説ページを見つけてお読みください。

8.5 Webサイト構築時の注意

Webサイトを動画や飾りもので華やかにしても，人がたくさん来てくれるわけではありません。まずは必要な情報が揃っていることが一番大切です。それらがトップページからうまくたどれるように整理されているのが理想ですが，そうでなくても情報さえあれば今は検索で見つけてもらえます。

Webページを作ったら，スマホも含めた主要なWebブラウザーで，正しく読めるか確認しましょう。

目の不自由な人は，音声読み上げソフトを使ってWebページを読んでいます。うまく読み上げられるためには，素直なHTMLが一番です。画像は，`alt="..."`で文字による説明を加えましょう（123ページ参照）。音声読み上げができるだけでなく，検索にも役立ちます。

建築物や道具は，障害者や高齢者に優しい**バリアフリー**（barrier-free）なデザイン，さらには万人に優しい**ユニバーサルデザイン**（universal design）といった考え方で作られるようになりました。Webサイトも，万人がアクセスできること（アクセシビリティ，accessibility）が重要です。この考え方をまとめた日本産業規格（旧称：日本工業規格）JIS X 8341-3「高齢者・障害者等配慮設計指針――情報通信における機器，ソフトウェア及びサービス――第3部：ウェブコンテンツ」が作られました。日本産業標準調査会のサイト[*5]で閲覧できます。

*5 https://www.jisc.go.jp/

▶クールなURIは変わらない

Webを発明したTim Berners-Lee（ティム バーナーズ リー）は，「クールなURI[*6]は変わらない」（Cool URIs don't change）という標語を作って，安易にWebページのアドレスを変える傾向を戒（いまし）めています。ページのアドレスが変わると，せっかくほかのサイトからリンクされていても，リンク切れになってしまいます。

*6 URIはURLとほぼ同じ意味で，Webページのアドレスのことです。

現実には，リニューアルと称して，ページのアドレスをときどき変えたり，古いけれども歴史的な意味のあるページを消したりするサイトがよくあります[*7]。

*7 2011年の東日本大震災直後に国や自治体が発表した貴重な被害情報のかなりの部分が，今では行方不明になっています。

組織の再編などで，ドメイン名まで変えるサイトがあります。古いドメイン名が失効し，無関係の人に取得されて，変なサイトになってしまうこともあります。

論文やレポートで，Webサイトから引用するのが嫌われるのは，ネットの情報が信用できないということより，URLに永続性がないということが大きな理由です。情報を発信する側は，内容だけでなく永続性にも注意を払いたいものです[*8]。

*8 国立国会図書館のインターネット資料収集保存事業（WARP），米国のInternet Archive（https://archive.org）などで過去のWebページを収集・公開しています。

9 情報の調べ方・まとめ方

SEARCH & RESEARCH

9.1 はじめに

Google を初めとする優れた検索サービス（サーチエンジン）が現れ，インターネットさえあればどんなことでも調べられるという幻想に陥りがちです。しかし，図書館と同様，インターネットにすべての情報があるわけではありませんし，たとえ情報があったとしても，正しいかどうかは疑問です。そのため，研究者は実験や計算をしたり実地調査をしたりするのです。

検索は研究にはなりえません。しかし，それを自分の研究の出発点とすることはできます。この意味で検索は重要です。

ネットで探した情報をコピペ（コピー&ペースト）して適当にアレンジしてレポートや論文を作成するのは，泥棒と同じです。まずは，自分の考えたこととネットや本で調べたこととを区別して書き，ネットや本で調べたことについては，だれがどこに書いていることかを明らかにしましょう。

9.2 サーチエンジン活用法

Windows の標準ブラウザー Edge のスタートページには，MSN（https://www.msn.com）のニュースフィードの上に「Web を検索」欄があり，Microsoft Bing（https://www.bing.com）という検索エンジン（サーチエンジン）による検索が行われます。一方，世界で一番有名な検索エンジンは Google（https://www.google.com）です。

図 9.1 （左）Microsoft Edge のデフォルトのスタートページにある Bing 検索。（右）Google 検索。

検索サービスの元祖はYahoo!(ヤフー)[*1]の**ディレクトリ**と呼ばれるリンク集で，人力で作っていました。Webページの数が増えるにつれ，**ロボット**または**クローラ**と呼ばれる自動データ収集ソフトを使って世界中のWebページの全文検索を可能にする強力な**検索エンジン**（**サーチエンジン**，search engine）が開発されるようになりました。中でも1998年に作られたGoogleは群を抜くもので，現在に至るまで世界一の人気を誇っています。なお，ディレクトリを「ディレクトリ型検索エンジン」，ロボットを使ったものを「ロボット型検索エンジン」と呼んでいる教科書もあります。いずれにしても，これは過去の話で，Yahoo!にもYahoo! JAPANにも，もう「ディレクトリ（型検索エンジン）」はありません。

Microsoft BingはGoogle対抗サービスで，Edgeのデフォルトのスタートページのほか，Windowsの検索ボックスやCortana(コルタナ)からも利用できます。

*1　https://www.yahoo.com は最古参の検索サイト。最近は業績が低迷し，2017年にベライゾン・コミュニケーションズに身売りした。日本のYahoo! JAPAN（https://www.yahoo.co.jp）は健在。

▶Googleのしくみ

検索することを「ググる」と言い，検索すればわかることを人に聞くと「ggrks」（ググレカス）と返答されるほど有名な検索エンジンです。

Google以前の検索エンジンは各ページに含まれる語に注目しましたが，Googleでは各ページへのリンクに注目します。基本的には，たくさんのページからリンクされているページほど，検索で上位に現れます。これ以外にもいろいろな要素が加味されてランクが決まります。

Googleの検索で上位に現れるかどうかはサイトの死活問題なので，どうすれば上位に入れるかという技術[*2]がもてはやされています。

一方で，実際のサイトが存在するにもかかわらず突然Googleから姿を消すサイトもあります。この現象を村八分(むらはちぶ)になぞらえて**Google八分**と呼ぶことがあります。Google八分は何らかの検閲の結果と考えられますが，理由がよくわからない場合もあるようです。

*2　この種の技術を**SEO**(エスイーオー)（Search Engine Optimization）と呼びます。一方で，SEOには非常に力を入れて，内容は他サイトからの転載だけの「まとめサイト」や，他サイトの情報をうまく切り貼りした「キュレーションサイト」といった，著作権的にも灰色なサイトが，検索結果の上位を占めることが増え，「ググレカス」が「ググってもカス」になりそうな状況でもあります。

▶AND，OR，NOT検索

GoogleやBingでは，スペースで区切っていくつかの語を入れると，そのすべての語に関連するページを返します。このような検索をAND(アンド)検索といいます。スペースは半角でも全角でもかまいません。いずれかの語が入っているページを探すならOR(オア)検索，その語が入っていないページを探すならNOT(ノット)検索を使います。OR検索は大文字で`OR`と書きます。NOT検索は，その語の前に`-`(マイナス)を付けます[*3]。

*3　これは原理的な話で，実際のGoogleなどは，複数の語を並べても，必ずしもAND検索になりません。また，自然言語に近い形での検索にも対応しているようです。

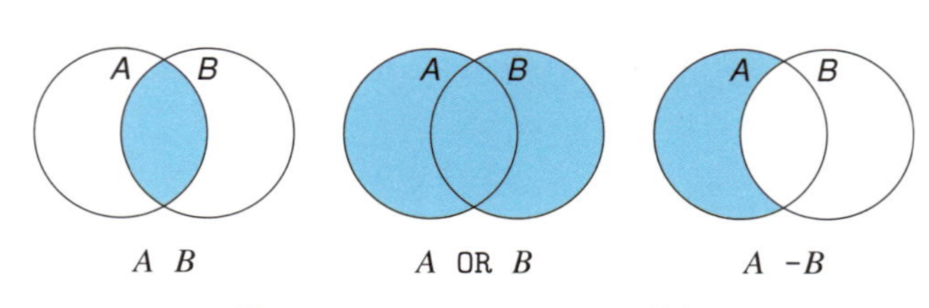

図9.2　GoogleのAND，OR，NOT検索。

例：

- ES細胞
- ヒト ES細胞
- ES細胞 OR 胚性幹細胞
- ヒト (ES細胞 OR 胚性幹細胞)
- ES細胞 -ブログ -トラックバック

最後の例は「ブログ」や「トラックバック」という語を含まないページを探します。

サイトを指定して検索することもできます。例えば「個人情報」という語を日本の政府機関のサイトだけで調べるには

個人情報 site:go.jp

で検索します。site:ac.jp とすれば大学等のサイトだけになります[*4]。

検索語は通常は語順を並べ替えたり類語に置き換えたりされます。打ち込んだ通りの文言を探したいのであれば，**"胚性幹細胞"** のように半角ダブルクォートで囲みます。その上で，不明な部分はアスタリスク * を使うこともできます。例えば **"シュレ*音頭"** なら「シュレーディンガー音頭」「シュレジンガ音頭」などにマッチします。

*4 ドメイン名の仕組みの詳細は 145 ページ「DNS」の項参照。

9.3 ネット上の情報の探し方

「ネット上の情報は信用できない。本の情報は信用できる」と言われることがありますが，ネット上にも信頼できる情報はたくさんあり，本の中にも信頼できない情報がたくさんあります。図書館は，資料としてたくさんの本を集めていますが，それらは世相を反映しているものの，内容の正しさが保証されているわけではありません。

特に健康情報・医療情報などは，ネットにも本にも嘘情報が蔓延しています。

ネット上の多くのサイトは，広告収入で成り立っていますので，ネタでもなんでも，訪問者が増えそうな記事をたくさん揃えるという手法がよく使われます。売れなければ成り立たないという点では，本も同じです。情報の海から，正しい情報と嘘情報を見分けるには，自ら考える力が必要です。

Wikipedia（ウィキペディア）は，たいへん優れた記事や，ほかでは得難い情報を含む記事も多いのですが，明白な嘘記事もあります（気づいた時点で有志が修正するのですが，なかなか追いつきません）。Wikipedia をレポートの参考文献として挙げることを禁じている先生も多いので，調査の出発点として使うにとどめ，ほかの記事で裏を取る（確認する）ようにしましょう。

Wikipedia と *Encyclopædia Britannica*（著名な百科事典）とを有名な科学誌 *Nature* が比較した記事 “Internet encyclopaedias go head to head”[*5] によれば，科学関連の項目に限れば両者の正確さはほぼ同等とのことです（ただし 2005 年時点，Wikipedia は英語版）。

*5 *Nature* **438**, 900–901 (15 December 2005).

Wikipedia は，英語・日本語をはじめ，多数の言語で提供されています。Wikipedia を運営する Wikimedia

Foundation（ウィキメディア財団）は，辞典 Wiktionary（ウィクショナリー），新聞 Wikinews（ウィキニュース），書籍 Wikibooks（ウィキブックス）など，多様なコンテンツを Wiki（だれでも編集できるネット上の仕組み）で提供しています。

✎ Wikipedia を「ウィキ」と略さないようにしましょう。ウィキ（ユーザーが自由に編集できるページ）はほかにもたくさんあります。

検索の際に，site:ac.jp（大学など）や site:go.jp（政府機関など）のようなオプションを付けるのも，質の高い情報を得るためによく使われる手です。

ネットには，Google などの検索にかからない有料の高品質な情報源もたくさんあります。大学が契約している場合は，自由に使えますので，大学図書館サイトで確認してみましょう。大規模な大学なら，JapanKnowledge（ジャパンナレッジ）（『日本大百科全書』（ニッポニカ）などを収録）のような辞書サイトや，新聞記事データベースなどのほか，多数の電子ジャーナル（e（イー）ジャーナル，電子版の科学雑誌や論文誌）が閲覧できるはずです。特に電子ジャーナルは，大学運営を圧迫するほどの高額なもので，これを利用できるというだけでも大学に所属する意味があるほどの価値あるものです。ただ，学術情報ですので，ほとんどが英語です。

学術情報が大きな大学からしか利用できないのは問題ですので，学術情報にだれでもアクセスできるようにしようという**オープンアクセス**運動が起きています。その一環として，大きな大学には，その大学の研究成果に自由にアクセスできる**機関リポジトリ**というサイトが作られています。

分野ごとの取り組みも進んでいます。例えば，医学系情報については，巨大なデータベース **PubMed**（パブメド）が作られ，世界中からだれでもアクセスできるようになっています。

ただ，世の中のほとんどの学術情報は英語で発表されているのが現状です。英語を勉強するのが必要ですが，どうしても苦手な場合は，**Google 翻訳**や**DeepL**（ディープエル）などの翻訳サービスを使うこともできます。

9.4 データの入手方法

レポートや論文を説得力あるものにするには，個人的な思い込みや経験でなく，客観的な事実やデータに基づいて考えることが重要です。最近では，さまざまなデータがネットで公開されています。例えば各府省等によるオープンデータの取り組み[*6]がなされていますし，民間企業もデータを公表していることがあります[*7]。

e-Stat（イースタット）（https://www.e-stat.go.jp）は政府統計の総合窓口であり，各府省庁等が公表する 17 の分野[*8]の統計データを提供しています。従来は各府省庁のサイトで個別に提供されていたデータを集約し，分野やキーワードなどによる絞り込み・検索が可能となっています。データは CSV・Excel・PDF 形式でダウンロードできます。主要な統計データは「統計ダッシュボード」で可視化できます。

*6 官民データ活用推進基本法という法律において，国および地方公共団体はオープンデータに取り組むことが義務づけられています。

*7 例えば，電力会社の Web サイトでは過去の電力使用実績データなどが公開されています。

*8 国土・気象，人口・世帯，労働・賃金，農林水産業，鉱工業，商業・サービス業，企業・家計・経済，住宅・土地・建設，エネルギー・水，運輸・観光，情報通信・科学技術，教育・文化・スポーツ・生活，行財政，司法・安全・環境，社会保障・衛生，国際，その他。

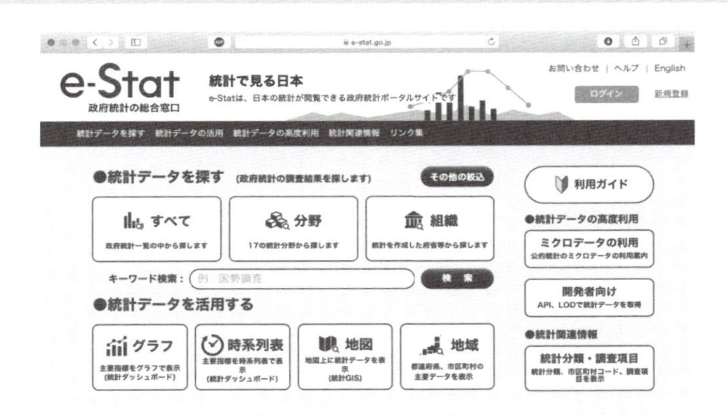

図 9.3 e-Stat のトップページ。データを 17 の統計分野から探したり，キーワードで検索したりできる。

RESAS（リーサス）（地域経済分析システム，Regional Economy (and) Society Analyzing System, https://resas.go.jp）も e-Stat と同様に政府統計データが集約されているサイトですが，都道府県や市町村の単位でさまざまなデータを手軽に可視化できるのが特徴です。手始めに，いま住んでいる地域や出身地のデータを眺めてみると，地域のいろいろな特徴や課題が見つかるかもしれません。一部，民間企業が提供するデータも利用できます。

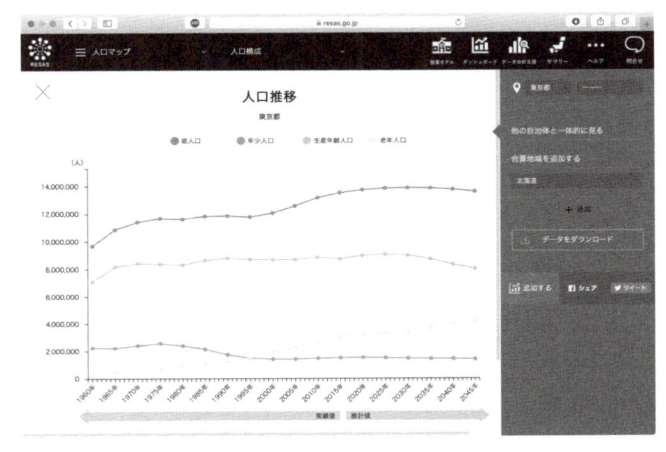

図 9.4 RESAS で東京都の人口推移のグラフを表示したところ。このグラフは総務省「国勢調査」および国立社会保障・人口問題研究所「日本の地域別将来推計人口」をもとに可視化されている。元データは画面右側の「データをダウンロード」から CSV 形式で入手できる。人口以外にも，地域経済循環，産業構造，企業活動，観光，まちづくり，雇用／医療・福祉，地方財政の観点でデータがまとめられている。

レポートや論文にふさわしいグラフを作ったり，データをより詳しく分析したりするには，データをダウンロードして Excel や R などで処理します。そのための基礎を 6 章や 13 章で学びます。

ほしいデータが e-Stat や RESAS になくても，各府省庁や地方公共団体のサイトで入手できることがあります*9。

上記の統計データ以外にも，ネットでさまざまなデータが手に入ります。例えば学術研究では、研究結果を論文などにまとめること以外にも，ほかの人が比較実験などを行えるように研究データを公開することも重要になっています。**Google Dataset Search** などのサイトではさまざまな研究データを検索できます。

最近は，大量のデータを活用する機械学習の技術が身近なところでも使われるようになりました。例えばスマホで使われている顔認識，音声認識，利用者の行動予測などの機能は，コンピューターが大量のデータから人の顔や音声や行動の特徴などを学習することで実現されています。機械学習の勉強や研究に使えるさまざまなデータがネットで公開されており，**Kaggle** などのサイトで検索・入手できます。

ネットで手に入るデータのファイル形式にはCSV，Excel，PDFなどがありますが，この中で最もコンピュータで処理しやすいのはCSVです。Excelファイルの場合は，セル結合の解除やデータの整形などが必要なことがあります。さらにPDFの場合は，そのままではExcelやRなどで処理しにくいので，ファイルからデータを抜き出す手間がかかります。立場を逆にして考えると，自分が調査などで得たデータを公開するときは，CSV形式にするとほかの人が使いやすくなります。

*9 日本の国および地方公共団体などのオープンデータの取り組みの状況は，データカタログサイト（https://www.data.go.jp）にまとめられています。

9.5 図書館活用法

ネット上でいろいろな情報が公開されるようになったのはごく最近のことです。今でも，紙の本や雑誌でしか公開されない情報がたくさんあります。ネットだけで検索していては大量の情報を取り逃がすことになります。図書館の活用が欠かせません。

多くの図書館は，OPAC*10と呼ばれる蔵書データベースを持っています。身近な図書館のOPACを検索してみましょう。日本最大の図書館「国立国会図書館」にもNDL-OPACというOPACがあります。

*10 Online Public Access Catalog

国会図書館は，原則として日本国内で発行された図書がすべて納本され，利用できるようになっています。NDL-OPACの書誌検索では，明治期以降に発行された数百万タイトルが検索可能です。2012年からは，さらに内容を拡充した「国立国会図書館サーチ」（NDL Search）もできました。国立国会図書館所蔵の資料は，貴重図書や参考図書以外なら，所属する大学図書館を通して借りられる場合も多いので，相談してみてください。電子化された資料であれば，「図書館向けデジタル化資料送信サービス」で閲覧・複写が可能な場合があります。

国立情報学研究所（NII）でも，CiNii Booksなどのサービスをしています。所蔵図書館（大学図書館など）もわかりますので，他大学から図書館間相互貸借（ILL）を利用して借りることもできます。

新しい本なら，Amazon（日本語 https://www.amazon.co.jp/，英語 https://www.amazon.com/）などのオンライン書店サイトを検索するという手もあります。カスタマーレビュー（読者の感想）もあるので，購入の参考になります。また，「Googleブックス」で本の中身を検索・表示できる場合があります。

▶日本十進分類法

多くの図書館では図書を日本十進分類法（NDC）[*11] で分類して並べています。次の表 9.1 をご覧ください。

*11 Nippon Decimal Classification

表 9.1　NDC 新訂 10 版（2014 年）2 次区分表（100 分類）。

0	総記	40	自然科学	80	言語
1	図書館. 図書館情報学	41	数学	81	日本語
2	図書. 書誌学	42	物理学	82	中国語. その他の東洋の諸言語
3	百科事典. 用語索引	43	化学	83	英語
4	一般論文集. 一般講演集. 雑著	44	天文学. 宇宙科学	84	ドイツ語. その他のゲルマン諸語
5	逐次刊行物. 一般年鑑	45	地球科学. 地学	85	フランス語. プロバンス語
6	団体. 博物館	46	生物科学. 一般生物学	86	スペイン語. ポルトガル語
7	ジャーナリズム. 新聞	47	植物学	87	イタリア語. その他のロマンス諸語
8	叢書. 全集. 選集	48	動物学	88	ロシア語. その他のスラブ諸語
9	貴重書. 郷土資料. その他の特別コレクション	49	医学. 薬学	89	その他の諸言語
10	哲学	50	技術. 工学	90	文学
11	哲学各論	51	建設工学. 土木工学	91	日本文学
12	東洋思想	52	建築学	92	中国文学. その他の東洋文学
13	西洋哲学	53	機械工学. 原子力工学	93	英米文学
14	心理学	54	電気工学	94	ドイツ文学. その他のゲルマン文学
15	倫理学. 道徳	55	海洋工学. 船舶工学. 兵器. 軍事工学	95	フランス文学. プロバンス文学
16	宗教	56	金属工学. 鉱山工学	96	スペイン文学. ポルトガル文学
17	神道	57	化学工業	97	イタリア文学. その他のロマンス文学
18	仏教	58	製造工業	98	ロシア・ソビエト文学. その他のスラブ文学
19	キリスト教. ユダヤ教	59	家政学. 生活科学	99	その他の諸言語文学
20	歴史. 世界史. 文化史	60	産業		
21	日本史	61	農業		
22	アジア史. 東洋史	62	園芸. 造園		
23	ヨーロッパ史. 西洋史	63	蚕糸業		
24	アフリカ史	64	畜産業. 獣医学		
25	北アメリカ史	65	林業. 狩猟		
26	南アメリカ史	66	水産業		
27	オセアニア史. 両極地方史	67	商業		
28	伝記	68	運輸. 交通. 観光事業		
29	地理. 地誌. 紀行	69	通信事業		
30	社会科学	70	芸術. 美術		
31	政治	71	彫刻. オブジェ		
32	法律	72	絵画. 書. 書道		
33	経済	73	版画. 印章. 篆刻. 印譜		
34	財政	74	写真. 印刷		
35	統計	75	工芸		
36	社会	76	音楽. 舞踊. バレエ		
37	教育	77	演劇. 映画. 大衆芸能		
38	風俗習慣. 民俗学. 民族学	78	スポーツ. 体育		
39	国防. 軍事	79	諸芸. 娯楽		

9.6 レポート・論文の書き方

この章の最初でも述べましたが，ネットで探した情報をコピー&ペーストして適当にアレンジしてレポートや論文を作成することは絶対にやめましょう。このような行為は剽窃（ひょうせつ）といって，要は知的な窃盗行為です。

まずは，自分が考えたり調査して調べたことと，ネットや本で調べたこととを，明確に区別して書きましょう。そして，ネットや本で調べたことについては，だれがどこに書いていることかを明らかにしましょう。

「だれがどこに書いていることか」という情報を明らかにする一番簡単な方法は，レポートや論文の最後に「参考文献」というリストを付けることです。一例を挙げておきます：

参考文献

[1] 木下是雄『レポートの組み立て方』（筑摩書房，1990 年）
[2] 奥村晴彦，森本尚之『[改訂第 4 版] 基礎からわかる 情報リテラシー』（技術評論社，2020 年）
[3] 奥村晴彦「データ圧縮」数学セミナー 2006 年 10 月号，pp. 28–32
[4] 青空文庫 https://www.aozora.gr.jp/
[5] 奥村晴彦「統計・データ解析」https://oku.edu.mie-u.ac.jp/~okumura/stat/（2020 年 10 月 10 日閲覧）

リストには，レポートや論文の本文で参照しやすいように，[1] [2] [3] などの番号を付けておきます（番号の付け方は学問分野によって異なります）。

参考文献リストに挙げるべき内容は，本なら，著者名，書名，出版社，出版年です。上の [1] [2] がその例です。ここでは書名を『 』で囲んでいますが，この書き方は学問分野によって異なります。雑誌については，雑誌名，何年何月号，ページ数を書きます。ページ数の範囲は，1 ページだけであれば p. 28 のように，連続したページであれば pp. 28–32 のように書きます*12。学術誌の場合は，「巻（かん）」「号」も書くのが一般的ですが，学問分野によって書き方は大きく違います。

*12 pp. は page の複数形 pages の省略記法です。

✎ 学術雑誌は一定の期間（例えば 1 年分）ごとにまとめて製本したときに便利なように，一定の期間をまとめて「巻（かん）」（volume）と呼ぶことがよくあります。例えば雑誌が創刊されてから最初の 1 年分が第 1 巻（だいいっかん）（Vol. 1），次の 1 年分が第 2 巻（Vol. 2）というふうになります。理系では Vol. 53 と書く代わりに **53** と太字で書くことがあります。

Web ページのアドレス（URL）の示し方は，まだ一定のルールがありませんが，可能ならば [4] の例のようにサイト名，あるいは [5] の例のように著者やページ名も書いておきましょう。サイトそのものではなく特定のページの内容を参照する際には，[5] の例のように閲覧年月日を書いておきます。このとき，URL として挙げるのは，トップページの URL ではなく，具体的に参考にしたページの URL です。

✎ URL に「何年何月何日閲覧」と書かれても，その時点のページがどこかに保存されていない場合には，ありがたくありません。Internet Archive（https://www.archive.org/）では，Web の過去のスナップショットを提供しています（Wayback Machine）。日本の国立国会図書館も同様な事業（インターネット資料収集保存事業，WARP）を始めました。これらは資料の長期保存のための事業ですが，もっと気楽に使える「ウェブ魚拓」などのサイトもあります。

このようにして，参考にした本や Web ページの一覧ができたら，本文ではそれを番号で参照しましょう。例えば

木下 [1] によれば，……。

のように書きます。

▶レポート・論文の文体

文章を書き慣れていないと，「……です」という口語調の文末と，「……である」という論文調の文末が，混在しがちです。特に指定がなければ，大学生のレポートや論文はできるだけ「……である」に統一しましょう。また，文芸作品風の書き方，例えば「ここは港町。」のような名詞で終わる文（体言止め）も避けましょう。状況にもよりますが，「……と思った」のような感想や，「これからもがんばりたい」のような決意表明も，大学以上のレポート・論文で求められているものではありません。

10 コンピューターとネットワーク

COMPUTERS & NETWORKING

10.1 コンピューターのしくみ

「コンピューターは五大装置（入力装置，出力装置，記憶装置，演算装置，制御装置）から成り立つ」ということがあります。キーボードやマウスが入力装置，ディスプレイ（画面）やプリンタが出力装置，メモリや SSD やハードディスクが記憶装置です。演算や制御は CPU（シーピーユー）と呼ばれるものやその周辺の部品で行います。コンピューターの中ではデータを 0 か 1 のビットで表しています。

ビットとバイト

コンピューターの中では，**ビット**（bit）の並びでデータを表します。一つのビットは，電流が流れる（1）・流れない（0）の二つの状態を表すことができます。二つのビットがあれば，$2 \times 2 = 4$ 通りの状態が表せます。三つのビットがあれば，$2 \times 2 \times 2 = 8$ 通りの状態が表せます。四つのビットがあれば，$2 \times 2 \times 2 \times 2 = 16$ 通りの状態が表せます。この 16 通りの状態を，0123456789ABCDEF の 16 通りの文字で表すことがよくあります。この表し方を **16 進法**といいます。

4 ビットでは少なすぎるので，8 ビットを単位として考えることがよくあります。8 ビットなら $2 \times 2 \times 2 \times 2 \times 2 \times 2 \times 2 \times 2 = 2^8 = 256$ 通りの状態が表せます。8 ビットを 1 **バイト**（byte）といいます。1 バイトは 00～FF の 16 進法 2 桁（けた）で表すのが普通ですが，10 進法なら 0～255 になります。

歴史的には 1 バイトは必ずしも 8 ビットではありませんでしたが，現在では 1 バイト = 8 ビットと考えてかまいません。1 オクテットといえば必ず 8 ビットのことになります。

ビット列	10 進法	16 進法
0000	0	0
0001	1	1
0010	2	2
0011	3	3
0100	4	4
0101	5	5
0110	6	6
0111	7	7
1000	8	8
1001	9	9
1010	10	A
1011	11	B
1100	12	C
1101	13	D
1110	14	E
1111	15	F

CPU

コンピューターの頭脳に相当する部分が **CPU**（シーピーユー）（Central Processing Unit，中央処理装置）です。CPU は，与えられたプログラム（命令を並べたもの）に従って，計算を次々に行います。

CPU の性能は，1 秒間に何回の基本動作を行えるか（クロック周波数），1 回に何ビットのデータを扱えるか（ビット数，バス幅）で表します。例えば 64 ビットの CPU は 1 度に 64 ビットのデータを扱うことができ，1 GHz（ギガヘルツ）*1 の CPU は 1 秒間に 10 億回の基本動作を行うことができます。もっとも，具体的な計算を行う回数とクロック数とは一般に異

*1 ギガ（G）は10億の意味です。ヘルツ（Hz）は1秒あたりの回数を意味します。電波を発見したドイツの物理学者ヘルツ（Hertz）が語源です。

なり，同じ 1 GHz でも CPU の種類によって速さが違います。

さらに近年は，一つのパッケージに複数の CPU を詰め込む**マルチコア**，一つの CPU で複数の仕事を同時に行う**ハイパースレッディング**といった技術が普及し，CPU の性能の評価は複雑になっています。処理性能に加えて，消費電力や発熱性も CPU の重要な評価指標になっています。

スマホで日常的に使われている顔認識や音声認識などの機能は，機械学習を活用して実現されています。そのための計算は，CPU だけでは効率よく行えないことがあるので，CPU に加えて NPU (Neural Processing Unit) という機械学習専用の処理装置を持つスマホが増えています。パソコンでは，機械学習関連の計算は GPU（Graphics Processing Unit）が得意とします。

記憶装置

コンピューターの記憶装置は次の二つに分けられます。

- CPU が直接読み書きする高速な記憶装置を**主記憶装置**（**メインメモリ**，main memory）といいます*2。単に**メモリ**というと，このことを指します。広い意味でのメモリは，何度でも書き込める **RAM**（ラム）（random access memory）と，書き込んだデータの変更ができない **ROM**（ロム）（read-only memory）に分けられますが，ここでいうメモリは RAM です。
- メインメモリ以外の記憶装置を**補助記憶装置**といいます。半導体ドライブ（solid state drive，SSD）やハードディスク，USB フラッシュメモリ，CD-R や DVD-R などがこれにあたります。内蔵 SSD・ハードディスク以外は取り外せるので**リムーバブルメディア**（removable media）ともいいます。

*2 ただし現在の CPU はさらに高速な**キャッシュメモリ**を経由してメインメモリにアクセスするのが普通です。

記憶装置の容量はバイト単位で表します。

伝統的には，1 K（キロ）バイトは 1024 バイト，1 M（メガ）バイトは 1024 K バイト，1 G（ギガ）バイトは 1024 M バイト，1 T（テラ）バイトは 1024 G バイトでした。Windows では，まだこの方式が使われています。

しかし，現在では，SSD やハードディスクや USB メモリの容量を表す際には，1 k（キロ）バイトは 1000 バイト*3，1 M（メガ）バイトは 1000 k バイト（百万バイト），1 G（ギガ）バイトは 1000 M バイト（十億バイト），1 T（テラ）バイトは 1000 G バイト（一兆バイト）とする方式でほぼ統一されています。Mac もこの方式に移行しました。

*3 キロについては，1000 のときは小文字の k，1024 のときは大文字の K を使います。大文字の K をキロではなくケーと読むこともあります。

どちらの方式を使うかで，1 T バイトなら 10% 近くの違いがあるので，注意が必要です。

✎ 通信速度をビット/秒で表す際には 1024 でなく必ず 1000 を使います。例えば 1 Mbps（メガビット毎秒）は毎秒百万ビットです。

✎ 1000 と 1024 が混在することもあります。今はもう使われませんが，3.5 インチ 2HD フロッピーディスクの容量の 1.44 MB は，1.44 × 1000 × 1024 バイトでした。

✎ 1000 か 1024 かの混乱を避けるため，IEC（International Electrotechnical Commission）は 1998 年に次の

ような新方式を定めました：

kB = kilobyte = 1000 B　　KiB = Kibibyte = 1024 B
MB = Megabyte = 1000 kB　　MiB = Mebibyte = 1024 KiB
GB = Gigabyte = 1000 MB　　GiB = Gibibyte = 1024 MiB

右側の呼び方はなかなか普及しませんでしたが，やっと少し使われるようになってきました。

本書執筆時点のパソコンは，8 G バイト以上のメモリ（RAM）と，256 G バイト以上の SSD を持つものが一般的です。リムーバブルメディアとしては，USB フラッシュメモリ（USB メモリ）がよく使われます＊4。

＊4 USBメモリを省略してUSBと呼ぶのはやめましょう。USBに接続する機器はUSBメモリ以外にもキーボードやマウスなどがありますし，USBはスマホなどの充電にも使います。

ディスプレイ装置

コンピューターの**ディスプレイ**（画面）には，現在では**液晶ディスプレイ**（LCD, Liquid Crystal Display）や有機 EL（OLED, Organic Light Emitting Diode）ディスプレイが広く使われています。

ディスプレイの大きさは，対角線の長さをインチ＊5 単位で示すのが一般的です。また，横×縦のピクセル数（画素数，ドット数）は，昔は VGA という規格の 640×480 のものが広く使われていましたが，今では 1366×768，1920×1080，2560×1440 などのテレビ画面の比率 16 : 9 に近いものが主流となっています。

＊5 1インチ = 25.4 mm

例えば 20 インチ 1600×1200 ピクセルのディスプレイなら，対角線の長さは $\sqrt{1600^2 + 1200^2} = 2000$ ピクセルに相当するので，1 インチあたりのピクセル数は $2000/20 = 100$ です。これを 100 ppi または 100 dpi と表します（ppi = pixels per inch, dpi = dots per inch）＊6。

＊6 最近はピクセルの高密度化技術が進んでいます。ピクセル密度の高いディスプレイは，写真や映像をより精細に表示したり文字を滑らかに表示したりできます。

ディスプレイ上では，色は赤（R = red），緑（G = green），青（B = blue）の**光の 3 原色**を使って表現します。RGB それぞれ 8 ビット（256 階調，つまり 256 通りの明るさ）で表現できるなら，256×256×256 の約 1677 万色が表現できます。これを一般にフルカラーと呼んでいます＊7。

＊7 歴史的にはフルカラーという言葉の定義はさまざまなものがありました。24ビットカラーをトゥルーカラーと呼ぶこともあります。

RGB といってもいろいろな赤・緑・青があるので，通常は **sRGB** というきまりで RGB を定義していますが，より広い色を表すための **Adobe RGB** や DCI-P3 という方式も使われ始めています。ディスプレイの出せる色の広さ（**色域**）は，Adobe RGB で表せる色の何 % を再現できるかで表すことがあります。

10.2 コンピューターと画像

コンピューターの扱う画像には 2 通りあります。

- **ビットマップ画像**（ラスター画像，ピクセル画像）は，点の集まりで表された画像です。拡大するとギザギザが目立ちます。ラスター画像を描くソフトを一般に**ペイントソフト**（ペイントツール）といいます。Windows の「ペイント」のほか，Adobe 社の **Photoshop** やオープンソースの **GIMP** もこの仲間です。

- **ベクトル画像**（ベクター画像）は，数式（通常は1〜3次式）で指定される直線・曲線の集まりからなる画像です。拡大しても滑らかさが失われません。ベクトル画像を描くソフトを一般に**ドローソフト**（ドローツール）といいます。Adobe社の**Illustrator**（俗称「イラレ」）が典型的な製品です。オープンソースのものでは**Inkscape**があります。

ビットマップ画像を表すファイル形式については第4章をご覧ください。

ベクトル画像を表すファイル形式としては，古くからある**PostScript**とその変形の**EPS**（Encapsulated PostScript），今では**PDF**（Portable Document Format）がよく使われます。Web上では**SVG**（Scalable Vector Graphics）が使われるようになりました。

▶ディザ

ディザ（dither）またはディザリング（dithering）とは，いくつかの色のピクセルを組み合わせて配置して，それらの色の中間の色を表現する手法です。色数の少ない媒体で疑似的にフルカラーの効果を出すために使われます。

▶RGBとCMYK

光の3原色は赤（R = red），緑（G = green），青（B = blue）です。

光は混ぜるほど明るくなるので，光の混合を**加法混色**といいます。特に，R + G + Bで白になります。

混ぜ合わせると白になる色を**補色**といいます。R + G + B = 白であることを考えれば，赤（R）の補色はG + Bになります。この色はシアン（C = cyan，青緑色）です。同様に，緑の補色（R + B）はマゼンタ（M = magenta，赤紫色），青の補色（R + G）は黄（Y = yellow）です。

絵の具や印刷用インクは，混ぜるほど暗くなるので，**減法混色**といいます。この場合，3原色としては，シアン（赤の光を吸収する），マゼンタ（緑の光を吸収する），黄（青の光を吸収する）の3色を使います。これらの色をすべて混ぜれば，原理的には赤・緑・青すべての光を吸収するので，黒になるはずです。しかし，実際の印刷物には黒が特に多く使われる上に，CMYを混ぜてきれいな黒を作るのは難しいので，黒（K）*8のインクだけ別に用意して，CMYKの4色のインクで印刷します。この方式を**プロセスカラー**といいます。

*8 黒（Black）をBで表すと青（Blue）と区別がつかないので，blacKのKを使います（実際にはKの語源はKeyまたはKey plateのようです）。

CMYKの4色以外の特定の色を多量に使ったり，正確な色合いが求められる場合，その色だけ別のインクを使うことがあります。これを**特色**（spot color）といいます。本書の紙版は，K（黒）と特色の2色刷りです。

▶網点

印刷時にインクを濃くしたり薄くしたりするのは難しいので，のような網点を使って色の濃さを表すのが普通です。この網点を十分細かくすると，のような灰色に見えます。

4色（CMYK）の印刷では，各色の網点の並ぶ方向を変えて，干渉模様（モアレ）が出にくいようにします。どの色の濃さも，0% から 100% まで設定できます。100%（ベタ）にすると網点は見えなくなります。CMYK すべてベタにすれば4重に色が重なることになりますが，通常は合計 300% くらいまでにとどめます。

本来3色で表せるはずの色を CMYK の4色で表すため，自由度が大きくなります。例えば同じ黒でも，K 100% にする場合と，リッチブラックといって K 100% に CMY を少し混ぜる場合があります。それでも，CMYK で作る印刷の色は，RGB で作る光の色にかないません。より多様な色を印刷するため，5色以上を使うこともあります。

10.3 コンピューターと文字

文字は，コンピューターの中では番号で表されています。文字と番号の対応を**文字コード**といいます。また，番号の付けられた文字の集まりを符号化文字集合といいます。ここでいう「番号」は，結局はビット列を意味しますが，抽象的な番号付けと，番号をビット列に対応させる規則（符号化方式，エンコーディング）に分けて考えると便利なことがあります。例えば，Unicode（ユニコード）という符号化文字集合について，UTF-8，UTF-16 などのエンコーディングがあります。

英語のアルファベットや記号の文字コードで有名なものは **ASCII**（アスキー）*9 です。ASCII は7ビットコードですので，128通りの文字しか表せません。ASCII で書かれたテキストファイルを ASCII ファイルということもあります*10。

*9　American Standard Code for Information Interchange，1963年制定，1967年改正。ASCII コードと呼ばれることもありますが，ASCII の C がコードですので，厳密には余計です。

*10 日本で2番目に古いパソコン雑誌「月刊アスキー」が創刊されたころは，ASCII はテキストの別名でした。もっとも，雑誌名（会社名）の語源については別の説があります。

	0	1	2	3	4	5	6	7	8	9	A	B	C	D	E	F
00	NUL	SOH	STX	ETX	EOT	ENQ	ACK	BEL	BS	HT	NL	VT	NP	CR	SO	SI
10	DLE	DC1	DC2	DC3	DC4	NAK	SYN	ETB	CAN	EM	SUB	ESC	FS	GS	RS	US
20	SP	!	"	#	$	%	&	'	(	)	*	+	,	-	.	/
30	0	1	2	3	4	5	6	7	8	9	:	;	<	=	>	?
40	@	A	B	C	D	E	F	G	H	I	J	K	L	M	N	O
50	P	Q	R	S	T	U	V	W	X	Y	Z	[	\	]	^	_
60	`	a	b	c	d	e	f	g	h	i	j	k	l	m	n	o
70	p	q	r	s	t	u	v	w	x	y	z	{	|	}	~	DEL

図 10.1　ASCII。

ASCII の制御文字 00〜1F は [Ctrl] を押しながらそれぞれ 40〜5F の文字のキーを押して入力していました。このことから，00〜1F を ^@，^A，^B，……と書くこともあります。例えば制御文字 BS は [BackSpace] だけでなく [Ctrl]＋[H] でも入るソフトがあります（ソフトによっては「ヘルプ」のショートカットに設定されています）。同様に，改行を表す制御文字 CR（Carriage Return，^M）や NL（New Line = Line Feed，^J）は [Ctrl]＋[M] や [Ctrl]＋[J] で入力できることもあります。[Ctrl] が押しやすい位置に付いているキーボードなら，ソフトをうまく設定することにより，右手の小指を酷使しないでタッチタイピングができます。

日本で1969年に作られたJIS X 0201（旧JIS C 6220）は，ASCIIをもとにした7ビット・8ビットコードで，8ビットの場合は半角カナを含みます。ただし，ASCIIの\（バックスラッシュ，逆斜線）はJIS X 0201では¥（円）に，ASCIIの~（チルダ）はJIS X 0201では‾（オーバーライン）に変えられました*11。

*11 このおかげで，今でも半角で¥100などと書くと環境によっては\100に文字化けすることがよくあります。¥は全角文字を使うか，あるいはUnicodeの¥（U+00A5）を使えば安全です。

▶漢字と文字コード

しばしば漢字の字形の典拠とされる康熙(こうき)字典は，1716年に中国で出版されたもので，約47,000文字が収録されています。しかし，康熙字典にも不統一・不適切なところがあり，巷では略字・俗字が多く使われていました。そこで，字形を統一するために，1946年に1,850字の当用漢字，1949年に当用漢字字体表が定められます。当時の首相吉田茂(よしだしげる)はこの字体表に合わせて自分の名前を吉田茂と書くことにしたそうです。

1978年に初めての漢字コードの規格JIS C 6226「情報交換用漢字符号系」が作られます。これは2,965字の第1水準，3,384字の第2水準，453字の非漢字から成りました。

1981年に当用漢字に代わって常用漢字1,945字が制定され，これに従ってJIS C 6226は1983年に改訂されました。このとき，常用漢字以外の多くの文字も，鷗→鴎，驒→騨のように構成要素を新字体風に変えたので，同じ番号の文字でも，78年版のJISか，83年版のJISかによって，字形が違うことになってしまいました。

別の問題として，第1・2水準には①などの丸囲み数字やⅠなどの全角ローマ数字が含まれておらず，各社が勝手に拡張した結果，次の表のようなWindowsとMacで化ける**機種依存文字**が生じてしまいました。この問題は現在も続いています（後述のようにUnicodeで解決できます）。

Windows	①②③④⑤⑥⑦	ⅠⅡⅢⅣⅤ
Mac	㈰㈪㈫㈬㈭㈮㈯	㈵㉂㈲㉁㉃

1987年にJIS C 6226はJIS X 0208と改称され，1990年の改訂で2文字追加されて6,879文字になり，1997年改訂「7ビット及び8ビットの2バイト情報交換用符号化漢字集合」では今までの内容を再検討し，厳密化しました。

2000年に，JIS X 0213「7ビット及び8ビットの2バイト情報交換用符号化拡張漢字集合」で，4344字からなるJIS第3・4水準が加わりました。

2000年12月8日に国語審議会が作成した「表外漢字字体表」で，多くの字を康熙字典の形に戻した「印刷標準字体」が定められます。これに合わせてJIS X 0213は2004年に改訂され*12，Windowsでも（当時のWindows Vistaで）搭載されているMS明朝・MSゴシックがこれに合わせて変更されたため，同じコード点でありながら「辻」が「辻」になるなど168字の字形が変わりました。Vistaで追加された文字の中には，「叱る」（53F1）の旧字（本来は別字）「𠮟る」（20B9F）のように見分けがつきにくいものもあります。「𠮟」をUTF-16で保存するとD842 + DF9Fのような2文字分（サロゲートペア）になり，古いソフトでは表示できないことがあります。

*12 10文字追加されて4354字になりました。なお，2010年に常用漢字表が改定され2136字になり，それにともない2012年にJIS X 2013も改正されましたが，実質的な変更はありません。

▶Unicode

1990年代になって，漢字だけでなく世界中の文字を表すことのできるUnicodeという新しい文字コードが作られました。もともとは業界標準ですが，今では国際規格ISO/IEC 10646とほぼ歩調を合わせる形で標準化されています。Unicodeを使う限り，Windowsで書いた全角ローマ数字や丸囲み数字がMacで化ける（Macで書いた全角ローマ数字や丸囲み数字がWindowsで化ける）といった現象が起きません。

WindowsもMacも，すでにOS内部ではUnicodeを使っていますので，さきほど述べたWindows Vistaでの「辻」→「辻」などの字形の修正は，Unicodeの番号と実際の字形との対応を修正したことを意味します。せっかくUnicodeで統一された文字コードも，2004年以前と以後で「文字化け」が発生することになります。これらを含めたいわゆる**異体字**の切り替えのために，**IVS**[*13]などの仕組みが使われ始めています。

Unicodeの保存形式（エンコーディング）としては，16ビット単位の**UTF-16**と，8ビット単位の**UTF-8**が広く使われています。特にUTF-8は，従来のASCIIと互換性があり，移行がしやすいため，すでに多くのWebページで採用されています。UTF-8には，ファイルの先頭に**BOM**（Byte Order Mark）と呼ばれる3バイト（16進EF BB BF）が付いたものと付かないものの2通りがあります。

メールの文字化けも，文字コードをUTF-8にすることによって解決します。

*13 Ideographic Variation Sequence（漢字異体字シーケンス）

10.4 ネットワークの仕組み

▶インターネット

核攻撃に備えてインターネットが作られたという俗説がありますが，『インターネットの起源』[*14]というすばらしいドキュメンタリーを読めば，コンピューターをつなげたいという研究者の情熱がインターネットを生んだことがわかります。

1969年に，アメリカの4地点を結ぶARPANETが成功を収めました。これが次第に発達し，1983年にはTCP/IPという新しい仕組みに全面移行します。TCP/IPを採用したネットは各地に作られ，それらを相互接続したものがインターネット[*15]と呼ばれるようになりました。

▶TCP/IPとは

インターネットは**IP**[*16]というプロトコルを採用したネットワークです[*17]。プロトコルとはコンピューターがデータをやりとりするための約束事のことです。IPはTCP[*18]という仕組みから分かれてできたもので，合わせて**TCP/IP**と呼ぶことがあります。

今でこそインターネット以外の世界的なネットワークは考えられませんが，しばらく前まではネットワークの正式な国際規格といえばTCP/IPではなくOSI[*19]でした。特に日本や欧州は国を挙げてOSIを支持していた時期がありました。

*14 ケイティ・ハフナー，マシュー・ライアン『インターネットの起源』（アスキー，2000年）

*15 the InternetのようにIを大文字で書くのが正しい流儀でしたが，2016年にアメリカのAP通信は，もはやinternetやwebは固有名詞ではなくなったとして，小文字で書くことにしました。

*16 Internet Protocol（インターネット・プロトコル）

*17 分野によってはIPはIntellectual Property（知的財産権）を意味します。

*18 Transmission Control Protocol

*19 Open Systems Interconnection

▶IP アドレス

IP では，ネットワークにつながったコンピューターは **IP アドレス** という番号で識別します。現在広く使われている **IPv4**（IP バージョン 4）では，この番号は 4 バイトで，0〜255 の番号 4 個をピリオド（.）で区切って，例えば 192.168.0.254 のように表します。しかし，IPv4 では IP アドレスは $256 \times 256 \times 256 \times 256 = 256^4 = 4294967296$，つまり約 40 億個しかないので，IP アドレスが不足してきています。次世代の **IPv6**（IP バージョン 6）では 16 バイトの IP アドレスを使います。

インターネット接続を提供する企業などを**プロバイダー**（正確には **ISP** *20）といいます。IP アドレスは各プロバイダーに割り当てられており，各プロバイダーが個々のユーザーに IP アドレスを割り当てます。一般個人ユーザーへの割り当ては，空いている IP アドレスを接続ごとに自動で割り当てるのが一般的です。この場合，IP アドレスがわかっても個人は特定できませんが，プロバイダーは IP アドレスと利用された時刻とから利用者を特定できます。

*20 Internet Service Provider

通常，個人ユーザーに割り当てられる IP アドレスは 1 個ですが，次の範囲の**プライベート IP アドレス**は，ユーザーが家庭内や組織内で自由に利用できます：

10.0.0.0〜10.255.255.255
172.16.0.0〜172.31.255.255
192.168.0.0〜192.168.255.255

これ以外の**グローバル IP アドレス**は，インターネットの中で重複しないように管理されています。

学校・企業内や家庭内のネットワークを **LAN** *21 といいますが，LAN 内では，外向きに情報発信するサーバー以外はプライベート IP アドレスで構成するところが増えています。ただし，プライベート IP アドレスではインターネットに直接接続できないので，**ルーター** *22 という装置でプライベートアドレスをグローバルアドレスに変換して接続します。

*21 Local Area Network。これに対して広域のネットワークを **WAN**（Wide Area Network）という。

*22 router

自分のパソコンの IP アドレスを調べるには，Windows では設定画面で調べる方法のほか，コマンドプロンプトや PowerShell で `ipconfig` または `ipconfig /all` と打ち込んでもわかります（Mac や Linux ではターミナルで `ifconfig` または `ip address` と打ち込みます）。

通常は IP アドレスは自動で設定されますが，手で設定する必要がある場合は，設定画面で設定できます。

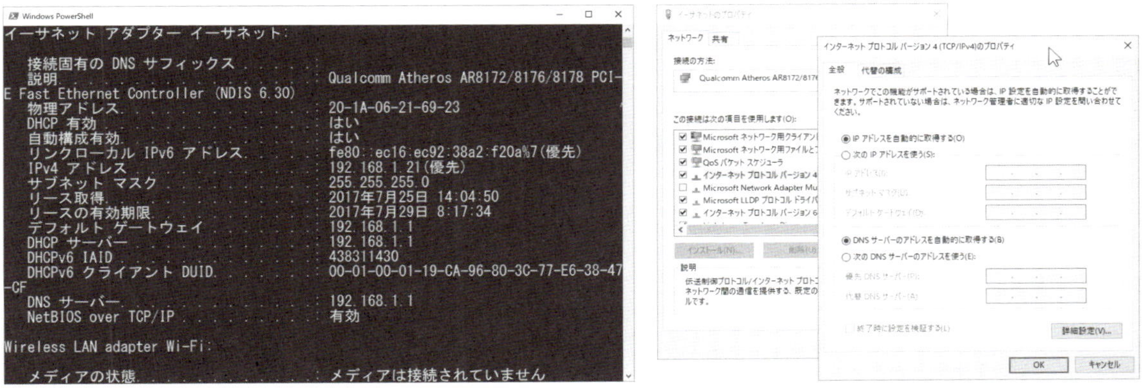
Windows PowerShell
イーサネット アダプター イーサネット:
接続固有の DNS サフィックス . . . . :
説明. . . . . : Qualcomm Atheros AR8172/8176/8178 PCI-E Fast Ethernet Controller (NDIS 6.30)
物理アドレス. . . . . : 20-1A-06-21-69-23
DHCP 有効 . . . . : はい
自動構成有効. . . . . : はい
リンクローカル IPv6 アドレス. . . . : fe80::ec16:ec92:38a2:f20a%7(優先)
IPv4 アドレス . . . . : 192.168.1.21(優先)
サブネット マスク . . . . : 255.255.255.0
リース取得. . . . . : 2017年7月25日 14:04:50
リースの有効期限. . . . . : 2017年7月29日 8:17:34
デフォルト ゲートウェイ . . . . . . : 192.168.1.1
DHCP サーバー . . . . : 192.168.1.1
DHCPv6 IAID . . . . : 438311430
DHCPv6 クライアント DUID. . . . . . : 00-01-00-01-19-CA-96-80-3C-77-E6-38-47-CF
DNS サーバー. . . . . : 192.168.1.1
NetBIOS over TCP/IP . . . . : 有効
Wireless LAN adapter Wi-Fi:
メディアの状態. . . . . : メディアは接続されていません
インターネット プロトコル バージョン 4 (TCP/IPv4)のプロパティ
全般
代替の構成
IP アドレスを自動的に取得する(O)
次の IP アドレスを使う(S):
DNS サーバーのアドレスを自動的に取得する(B)
次の DNS サーバーのアドレスを使う(E):
詳細設定(V)...
OK
キャンセル

図 10.2　（左）Windows の PowerShell で `ipconfig /all` と打ち込んだところ。（右）Windows で IP アドレスを設定する画面。通常は自動設定でかまわないが，自前で設定するには，IP アドレスだけでなく，サブネットマスク，デフォルトゲートウェイ，DNS サーバーを正しく設定しなければならない。

▶DNS

IP アドレスでは覚えにくいので，「example.jp」のような名前を使うのが普通です。このような名前を**ドメイン名**といいます。Web ブラウザーに http://example.jp/ と打ち込んだり，hoge@example.jp 宛にメールを出したりすると，コンピューターは **DNS**[*23] というネット上のデータベースに問い合わせをして，example.jp というドメイン名に対応する IP アドレスを調べてから，その IP アドレスを使って通信を行います。

DNS では，最後の部分を見ればどんなサイトかがわかる仕組みになっています。例えば .gov なら米国の政府関係，.edu なら米国の大学，.com なら企業，.net ならネットワーク関係，.org ならその他の団体です。もっとも，今は .com や .net や .org はだれでも取得できます。最後が 2 文字のものは国を表し，.jp が日本です。

最後が .jp の場合は，.co.jp なら日本国内で登記を行っている会社[*24]，.or.jp なら上記以外の法人組織[*25]，.ne.jp ならネットワークサービス，.ac.jp なら大学などの高等教育機関・学術研究機関など[*26]，.ed.jp なら小・中・高校などの初等中等教育機関および 18 歳未満を対象とした教育機関[*27]，.go.jp なら政府機関や各省庁所管の研究所・特殊法人・独立行政法人[*28]，.lg.jp なら地方公共団体[*29] などとなっています。さらに，「～.jp」の～の部分に任意の文字列を使った「汎用 JP ドメイン名」が登録できます。

ドメイン名は大文字・小文字を区別しません。

*23 Domain Name System

*24 company

*25 organization

*26 academy

*27 education

*28 government

*29 local government

▶MAC アドレス（物理アドレス，ハードウェアアドレス）

パソコンには有線や無線で LAN に接続する装置（ネットワークインターフェース）が内蔵されています。これらのネットワークインターフェースには **MAC（マック） アドレス**[*30] という番号が振られています。この番号は通常 6 バイトで，01-23-45-67-89-AB または 01:23:45:67:89:AB のような形式の 16 進法で表します。

MAC アドレスを調べるには，Windows では「設定」で探すか，コマンドプロンプトまた

*30 この MAC は Media Access Control の略で，コンピューターの Mac とは関係ありません。

は PowerShell で `ipconfig /all` と打ち込みます。MAC アドレスは「Physical Address」または「物理アドレス」という項目に表示されます。Mac や Linux などでは `ifconfig` または `ip address` コマンドで調べられます。

MAC アドレスはもともとネットワークインターフェースに書き込まれた製造番号のようなもので，ネットワーク接続の認証に用いられることがありますが，今はランダムな MAC アドレスを設定できる機器が多いので，機器の追跡には使いづらくなっています。

▶SSL/TLS

Web ページの URL には http:// または https:// が付きます。どちらも Web ページを送るプロトコルとしては HTTP*31 に違いないのですが，https:// はさらに **TLS**（ティーエルエス）*32 というプロトコルで通信を暗号化しています。TLS は，より古い **SSL**（エスエスエル）*33 というプロトコルを改良したもので，今でも TLS を SSL と呼ぶことがあります。

LINE などのアプリがサーバーと通信する際にも TLS が使われています。メールサーバーも TLS に対応していないものは今はありえないはずです。

TLS では，暗号化だけでなく，サーバー証明書というものを使って，通信しているサーバーのドメイン名が偽装されていないことを確認できます*34。今はサーバー証明書を無料で発行してくれる機関もあり，詐欺サイトなども https:// を使うことが増えました。いずれにせよ，TLS を使っているサイトなら詐欺をしないということは言えません。

サーバー証明書を自分で作ることもできます（いわゆる「オレオレ証明書」）。そのような証明書を使ったサイトにアクセスすると警告が出ます。暗号化はされているのですが，ドメイン名が偽装されていない保証はありません。

https:// が付いた URL でも，「保護されていない通信」といった警告がアドレス欄に表示されることがあります。原因としては，埋め込まれている画像などのコンテンツを http:// で指定してしまったことが考えられます。せっかく TLS 化しても，HTML の書き方の不理解によってこのような残念な結果になることがあります。

*31 HyperText Transfer Protocol

*32 Transport Layer Security の略。

*33 Secure Sockets Layer

*34 例えば公衆無線LAN設置者に悪意があれば，A.jpへのリンクをクリックしてもB.comにつながる（アドレス表示はA.jpのまま）といったDNSの改竄が簡単にできます。TLSを使っていれば警告が出ます。警告は無視しないようにしましょう。

11 情報とセキュリティ

INFORMATION & SECURITY

情報セキュリティは，情報の機密性，完全性，可用性を維持することと定義されています※1。機密性（秘密が漏れないこと）については，パソコンがウイルスに感染して個人情報が流出するといった事件が思い浮かぶでしょうか。これは，家の鍵をかけ忘れたり，鍵に欠陥があったために泥棒に入られたのと同類のことで，ソフトや使い方に問題があったために起こります。家のセキュリティ（防犯）と同様，パソコンやスマホもセキュリティを固めなければなりません。一方で，完全性（情報が正しいこと），可用性（情報がいつでも使えること）も大切です。セキュリティと称して不便で使いにくいシステムを押し付けられるとしたら，それは間違ったセキュリティです。

※1 日本産業規格JIS Q 27000にある定義です。これら3要素は，英語（confidentiality，integrity，availability）の頭文字をとって，「情報のCIA」とも呼ばれます。

11.1 脆弱性とその対策

OSにもアプリケーションソフトにも，セキュリティ上の欠陥（けっかん）がたくさん潜んでいます。こうした欠陥のことを**脆弱性**（ぜいじゃくせい）※2あるいは俗に**セキュリティ・ホール**（セキュリティの「穴」）といいます。こうした「穴」が見つかれば，すぐにふさがないと，「穴」を狙ってやってくるウイルスなどに侵される危険があります。ソフトの更新（アップデート）※3があったら，すぐに適用しましょう。

Windowsなら，Windows Update（Microsoft Update※4）が自動で行われるはずですので，それに任せましょう。ただ，自分のパソコンが授業中や仕事中にアップデートを始めると困るので，Windows Updateの設定で「アクティブ時間」を設定しておけば，その時間には勝手に再起動しません。

Windows以外のソフトも同じことです。最近のソフトは自動でアップデートを告知するものがほとんどですので，必ずアップデートを適用しましょう。

アップデートが出る前の脆弱性を狙った**ゼロデイ攻撃**もありえます。脆弱性がよく見つかるソフトはアンインストールすることも考えましょう。

- 特に問題が多いソフトは，ブラウザーのJavaプラグインです。今では，一部の政府系サイト以外は，使われることがありませんので，インストールしないほうがいいでしょう。
- 次に問題が多いのはFlash Playerプラグインですが，開発元の米Adobe Systemsから，開発および提供は2020年末に終了することが発表されています。業務で使っているのでなければ，アンインストールしましょう。

※2 vulnerabilityの訳語。

※3 一部だけのアップデートを**パッチ**（patch）ともいいます。

※4 Windows 10では［スタート］→［設定］→［更新とセキュリティ（Windows Update）］→［詳細オプション］→［Windowsの更新時に他のMicrosoft製品の更新プログラムも入手します］にチェックを入れた状態のWindows UpdateをMicrosoft Updateと呼びます。

11.2 マルウェア対策

有害なソフトのことを一般に**マルウェア**（malware[*5]）といいます。マルウェアは，データを破壊したり，機密情報を流出させたりします。

[*5] malicious software ＝ 不正ソフト。マルウェアに感染すると，情報流出などの被害者になるだけでなく，**ボット**（bot）と呼ばれるものを密かにインストールさせられて，大量の迷惑メールやウイルス付きメールを送らせられたり，特定のサーバーを世界中から攻撃する DDoS 攻撃（Distributed Denial-of-Service attacks）に加担させられたりすることもあります。つまり，被害者であるだけでなく，加害者にもなります。パソコンが急に重くなったときは注意しましょう。

マルウェアのことを**ウイルス**ということもあります。もともとは，**コンピューターウイルス**（computer virus）とは，ほかのソフトに寄生するソフトという意味でしたが，今ではマルウェア全般を俗にウイルスと呼ぶことが増えました。

スパイウェア（spyware）は，パソコンに潜んで情報を盗み出すソフトです。キーボード入力をスパイする**キーロガー**（keylogger）は特に危険です。

ランサムウェア（ransomware）は，コンピューターのファイルを暗号化して，元に戻すための身代金（ransom）を要求するマルウェアです。身代金を払ってもファイルが元に戻るとは限りません。ランサムウェアに感染しなくても，コンピューターのトラブルや操作ミスでファイルが壊れることはよくあることですので，なくなったら困るファイルは必ずバックアップしておきましょう。

これらのマルウェアは，メールの添付ファイルとして送られてきたり，Web サイトに仕掛けられたりします。有用なアプリを装ってインストールさせるものもあります。無料のソフトをインストールするときに抱き合わせでインストールされてしまうこともあります。また，無料のソフト提供サイトの中には，誤認しやすいボタンが付いていて，間違えてクリックするとインストールされてしまうことがあります。

未知の人[*6]からのメールの添付ファイルは非常に危険です。どうしても中を見なければならない場合は，Web 上の Gmail などで添付ファイルをサムネイル（画像）でプレビューするという手があります。ウイルス感染させることが困難なデバイス（スマホや iPad の類）で開くという手もあります。

[*6] 差出人欄（From:）は簡単に偽装できますので，差出人欄に知人のメールアドレスがあっても，実際の差出人は別人かもしれません。メールのヘッダーには本物の差出人を推定できる情報が含まれていることがあります。

Word や Excel のファイルでも，中に危険なマクロ（プログラム）を埋め込んだものがよくメールで送られてきます。開こうとすると警告が出るので，それに気づけばいいのですが，うっかり「マクロを有効にする」をクリックすると，マルウェアが実行されてしまいます。

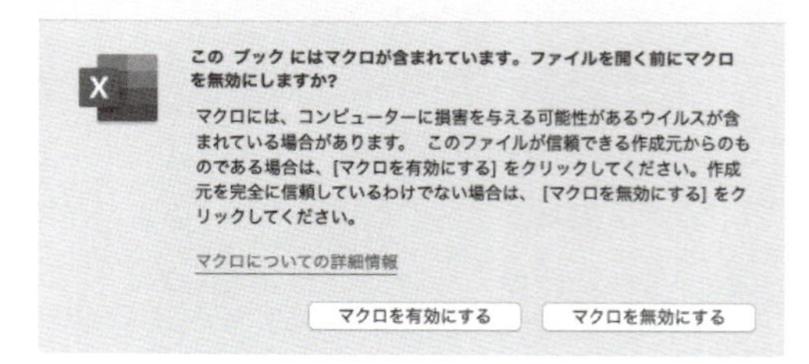

図 11.1　Excel ファイルを開こうとすると現れる警告メッセージ。マクロを有効にすると危険。

マルウェア対策は，アップデートをちゃんと適用することと，いろいろなリスクについての知識を身につけることに尽きます。

11.3 USB メモリの危険

昔の Windows では，USB メモリを差し込むと中身を勝手に実行してしまう AutoRun 機能があり，これを利用したウイルスがたくさんありましたが，今ではこの機能は無効化されています。

これより怖いのは，USB メモリに偽装した USB キーボードとして認識されるデバイスです。勝手に命令を打ち込んでパソコンを乗っ取ることができるので，非常に危険です。ファイルのやりとりには USB メモリよりネットワークを使うほうが安全です。

USB メモリには，落として機密情報を漏らす可能性もあります。どうしても使うなら，ファイルを暗号化しましょう。

11.4 Windowsのセキュリティ対策

ウイルス対策ソフト

Windows には **Windows Defender**（ウィンドウズ ディフェンダー）というウイルス対策ソフトがもともと入っています。個人での利用なら，これで十分です。

組織でのウイルス対策ソフトの利用は，組織の方針に従いましょう。

いずれにしても，ウイルス対策ソフトですべてのウイルス（マルウェア）が防げるわけではありません。毎日大量の新しいマルウェアが作られるので，ウイルス対策ソフトの対応が追いつかないのが現状です。

自分のウイルス対策ソフトが反応しなくてもウイルスが疑われるときは，VirusTotal（https://www.virustotal.com）にアップロードするという手もあります。何十種類ものウイルス対策ソフトで調べてもらえます。本物のウイルスを見逃すソフトや，何でもないファイルをウイルスと誤判断するソフトもあります。

拡張子を表示しよう

Windows でも Mac でも，買ったままの状態ではファイル名の拡張子を表示しないので，アイコンの形でファイルの種類を判断しがちです。ところが，アイコンの形は自由に変えられます。例えば，アイコンがフォルダーの形のウイルスを，フォルダーだと思ってダブルクリックすると，感染します。拡張子を表示して，ファイルの種類を意識するようにしましょう。

Windows 10 で拡張子を表示するには，タスクバーにあるフォルダーのアイコン（エクスプローラー）をクリックし，［表示］タブの「ファイル名拡張子」にチェックを付けるか，［表示］→［オプション］で現れる「フォルダーオプション」の［表示］タブで，「登録されている拡張子は表示しない」のチェックを外します。

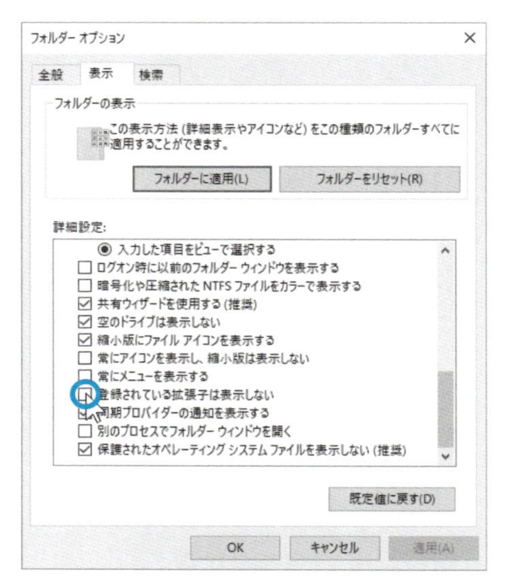

図 11.2　フォルダーオプションの「表示」タブで「登録されている拡張子は表示しない」のチェックが外れていることを確認する。

Windows で危険な拡張子には exe，com，cmd，scr，pif，bat，vbs，vbe，js，jse，wsf，wsh，hta などがあります。これらは実行ファイル（ダブルクリックすると起動するソフト）の仲間です。

これらの拡張子を隠す工夫をしたものもあります。例えば hoge.jpg　　　　　　　　.exe はちょっと見ると JPEG ファイルのようですが，ファイル名の途中にスペースをたくさん含ませて拡張子に気づきにくくしているだけで，実際には拡張子が exe の実行ファイルです*7。

*7 さらに巧妙な方法として，文字の並び順を逆転する Unicode の制御文字（right-to-left override，RLO）を利用したものがあります。例えば ann[RLO]txt.exe という実行ファイルは，Windows のエクスプローラーでは annexe.txt と見えてしまいます。Mac では対策がされたようです。

危険な拡張子を覚えるより，安全な拡張子を覚えるほうが簡単です。

安全な拡張子	ファイルの種類
txt	テキストファイル
pdf	PDF ファイル
jpg png gif	JPEG，PNG，GIF 形式の画像
bmp	BMP 形式の画像（この形式の画像をメールなどで送るのは非常識）
doc docx	Word ファイル
xls xlsx	Excel ファイル
ppt pptx	PowerPoint ファイル
rtf	リッチテキスト形式（Word などで作成できる文書ファイルの一種）
jtd	一太郎（バージョン 8 以降）ファイル

これらのファイルは，基本的には安全ですが，ソフトに脆弱性があれば，やはり危険です。

また，WordやExcelなどのファイルには，**マクロウイルス**が仕込まれているものがあります。［マクロを有効にする］（図11.1），［コンテンツの有効化］をクリックすると，ウイルスに感染する仕組みです。

圧縮ファイル（拡張子zip，lzh，cab，rar，tgzなど）やディスクイメージファイル（拡張子iso，dmg）は，中に入っているものによっては，危険です。中に実行ファイルが入っているものには注意しましょう。

暗号化されたzipファイルがメールに添付されていることがありますが，中身のウイルスチェックが自動で行えないので，かえって危険です*8。

ファイル消去のしかた

個人情報を扱うパソコンを廃棄する際には，中のデータを完全に消すことが重要です。

ファイルを「ごみ箱」に捨てても簡単に元に戻せることは当然ですが，ごみ箱を空にしても，復元ソフトを使えばたいてい復元できます。ディスクをフォーマットしても，中のデータは簡単には消えません。

ファイルを完全に消すための完全消去ソフトがいろいろあります*9。しかし，汎用のツールでデータを本当に完全消去できるかどうかは微妙です。特に，SSD（半導体ドライブ）については，そのSSD専用のツールを使うしか良い方法がありません。

心配なら，業者に頼んで，SSDやハードディスクを物理的に破壊してもらいましょう。大学のセンターでもそのようなサービスをやっているかもしれませんので，問い合わせてみましょう。

もっと簡単なのは，ドライブ全体を暗号化することです。暗号化の鍵を捨てるだけで，だれにも読めなくなります。紛失・盗難の対策にもなります（次項参照）。

暗号化しよう

個人情報の入ったノートパソコンを盗まれる事件が多発しています。サインインパスワードを設定してあっても，USBメモリなどから起動すれば，中が読めてしまいます。さらに強力なBIOSパスワードを設定してあっても，SSDやハードディスクを取り出して別のパソコンにつなげば，読めてしまいます。ディスクパスワードが設定してあれば，たいていは大丈夫ですが，それでも機種によっては解除する方法があります。

特にノートパソコンは，盗難に備えて，WindowsのBitLockerなどの機能を使ってディスク全体を暗号化しておくと安心です。USBメモリなどを暗号化するBitLocker To Goという機能もあります。フォルダー単位で中身を暗号化することもできます*10。残念ながら，これらの機能は，Windows 10 Homeエディションでは使えません。

これらの機能が使えない場合や，OSの違うコンピューター間で暗号化ファイルをやりとりしたい場合は，オープンソースソフトの**GnuPG**（グヌーピージー）を使いましょう。

*8 暗号化されたzipファイルを送った次のメールでパスワードを送るといったやりかたでは，暗号化の意味もありません。

*9 コマンドプロンプトやPowerShellで例えば `cipher /w:C` と打ち込めば，Cドライブの削除済みデータ全体を00，FF，乱数で上書きして完全消去します（NTFSのみ）。MicrosoftではSDeleteというツールも配布しています。`sdelete -p 3 ファイル名` でファイルを3回上書きして完全消去し，`sdelete -p 3 -c C:` でCドライブの空き領域を3回クリアします。これ以外に，UNIX系OSで昔から使われているshredコマンドがあります。CygwinやWSL上のUbuntuなどにも含まれています。Macにもshredをインストールすることができます。CDやDVDからLinuxを起動してshredコマンドを使うという手もあります。残念ながらSSDではこれらのツールはあまり役に立ちません。

*10 フォルダーを右クリックして，「プロパティ」の「全般」の「属性」の詳細設定で，「内容を暗号化してデータをセキュリティで保護する」「変更をこのフォルダー、サブフォルダーおよびファイルに適用する」にします。

✎ GnuPG（GNU Privacy Guard）は，有名な PGP（Pretty Good Privacy）の後継として開発された暗号化ソフトです。Windows，Mac，Linux などで使えます。コマンドライン（ターミナル）で使うのが一般的です。暗号化するためには

```
gpg -c ファイル名
```

とコマンドで打ち込むと，ファイル名.gpg という暗号化ファイルができます。元に戻すには

```
gpg ファイル名.gpg
```

と打ち込みます。

Word や Excel にも暗号化機能がありますが，古い Office 標準の 40 ビット暗号化なら，総当たり法で簡単に破られてしまいます（パスワードを破るためのソフトがネットで販売されています）。Office 2007 以降の新しい形式（拡張子 docx など）で保存すれば，AES-128 またはそれ以上の方式で暗号化されるので，安心です。

ZIP ファイル標準の暗号化は，十分な強度がありません。安全な暗号化 ZIP ファイルを作るには，例えば 7-Zip というツールで AES-256 という暗号化形式を使えばいいのですが，Windows 標準の機能では展開できません。そもそも ZIP ファイルは Windows・Mac 間でファイル名の文字化けが生じることがありますし，Office ファイル（docx など）はすでに ZIP 圧縮されているので，さらに ZIP 圧縮する意味はありません。

いずれにしても，パスワードは十分長い複雑なものにしましょう。

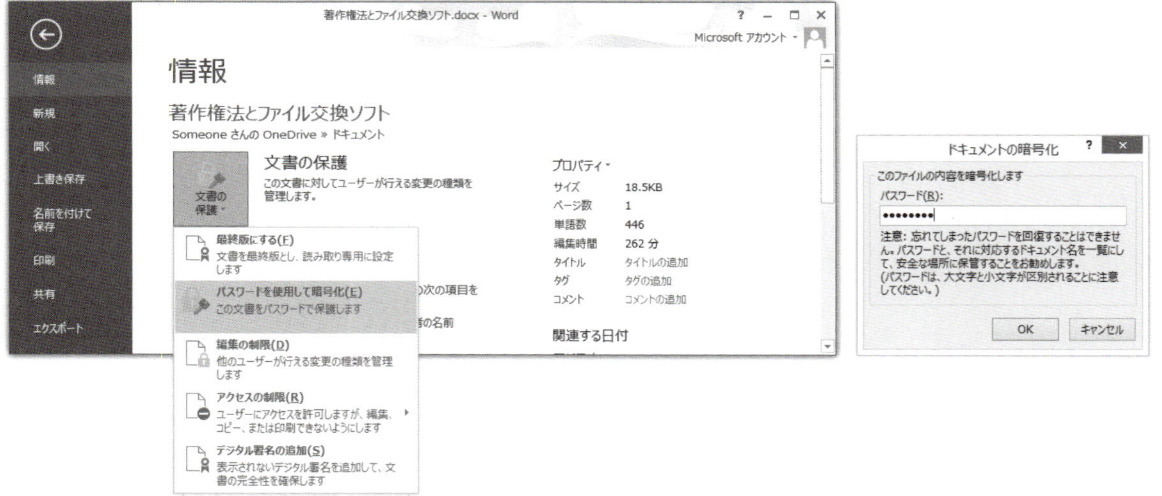

図 11.3　Office 文書の暗号化は，［ファイル］タブ→［情報］→［文書の保護］→［パスワードを使用して暗号化］で行う。パスワードは 2 回聞いてくる。パスワードを忘れたら自分でも開けなくなるので，十分注意する。

せっかくファイルを暗号化しても，それを添付したメールの本文にパスワードが書かれていれば，何にもなりません。すぐ次のメールでパスワードを送ることがありますが，ほとんど意味がなく，自動ウイルスチェックができないという弊害があるだけです。

✎ 後で述べる公開鍵暗号を使えば，パスワードを別送する必要もありません。

コンピューターのロック

席を離れるときは，Windows なら Ctrl + Alt + Del を押して「ロック」を選びます（「Windows キー」が付いたパソコンでは，Windows キー + L でロックできます）。

スクリーンセーバーにもパスワードを設定しましょう。

11.5 Mac のセキュリティ対策

Mac も Windows も，脆弱性については，似たり寄ったりです。メールで Mac を対象としたウイルスがほとんど届かないのは，インターネット空間での Mac の密度が臨界点に達していないためかもしれません。この静穏が今後も続くとは限りませんので，油断は禁物です。OS や関連アプリの更新があればすぐに適用しましょう。

「システム環境設定」→「セキュリティとプライバシー」の設定を見直しましょう。ダウンロードしたアプリケーションの実行許可は，「App Store と確認済みの開発元からのアプリケーションを許可」になっているはずです。これだけで，怪しいアプリの誤実行はほぼ防げますが，さらに「App Store」だけにしておけば，ストアアプリしかインストールできなくなり，より安全です。

このように設定に注意し，アップデートをしっかり適用していれば，ウイルス対策ソフトはほぼ必要ないと考えられますが，組織で決まりがある場合は，それに従いましょう。

▶拡張子

Windows と同様の理由で，拡張子を表示して，ファイルの種類を意識するようにしましょう。

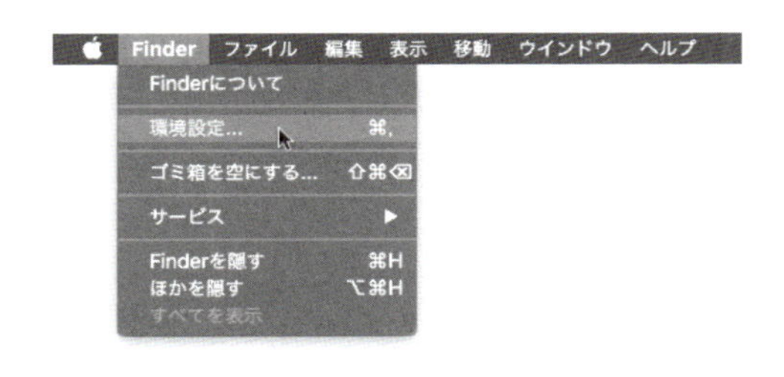

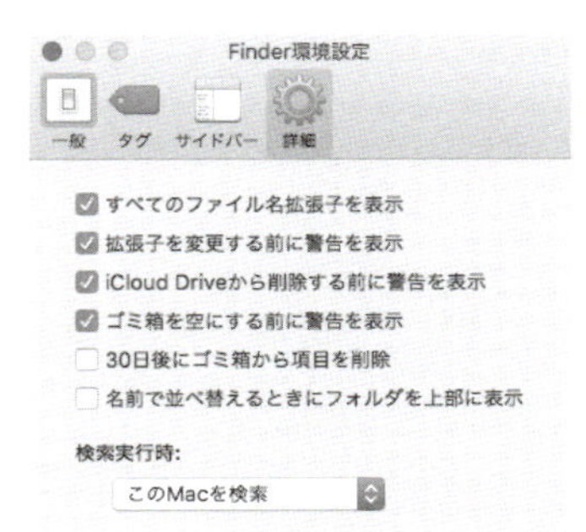

図 11.4 Finder の「環境設定」→「詳細」で「すべてのファイル名拡張子を表示」にチェックを付ける。

▶安全なファイル

安全なファイルについては Windows と同様です。Mac に限らず，UNIX 系の OS では，実行ファイルには拡張子がないのが普通です*11。

Mac の標準 Web ブラウザ Safari では，拡張子から判断して安全そうなファイルはダウンロードすると勝手に開いてしまいますが，Safari の「環境設定」→「一般」で「ダウンロード後、“安全な” ファイルを開く」のチェックを外しておくほうがより安全です。

*11 Mac の標準的なアプリケーションには app という拡張子が付いていますが，この実体はフォルダで，この中に本当の実行ファイルが入っています。

▶暗号化

Mac には FileVault という機能があり，これを設定するとディスク全体が暗号化されます*12。特にノートパソコンは，盗難に備えて，ぜひこれを設定しておきましょう。

また，「アプリケーション」→「ユーティリティ」の中にある「ディスクユーティリティ」を使えば，暗号化ディスクイメージを作ることができます。暗号化ディスクイメージは USB メモリに入れて持ち運びできます。

*12 Windows の暗号化機能の BitLocker と違って，FileVault は Mac に必ず備わっている機能です。

▶コンピュータのロック

「システム環境設定」→「セキュリティとプライバシー」で「スリープとスクリーンセーバの解除にパスワードを要求」を「すぐに」にしておきます。さらに「システム環境設定」→「デスクトップとスクリーンセーバ」でスクリーンセーバを開始するためのホットコーナーを設定しておけば，そのコーナーにマウスを移動するだけでスクリーンセーバが始まります。また，「システム環境設定」→「ユーザとグループ」→「ログインオプション」でファストユーザスイッチを有効にしておけば，メニューバーのユーザ名をクリックして「ログインウィンドウ」を選べばさらに確実にコンピュータをロックできます*13。

*13 ⌘ + control + Q でもロックできます。

▶ファイルの完全消去

macOS 10.3 以降の「確実にゴミ箱を空にする」や，10.4 以降のディスクユーティリティの「空き領域を消去...」は，10.11 で廃止されました。SSD（半導体ドライブ）に対応しないという理由のようです。

FileVault でディスク全体を暗号化するほうが安全です。

11.6 スマホのセキュリティ対策

スマホ（スマートフォン）の OS は，パソコンの OS より自由度が小さい分，セキュリティ的にはより安全ですが，次のようなことに注意しましょう。

- スマホを操作しながら移動して交通事故や引ったくりにあうのが一番のリスクかもしれません。十分に注意しましょう。
- 紛失・盗難にも注意しましょう。パスコード（または指紋認証など）を設定し，ネットで端末を探したり初期化したりできる設定をしておきましょう。クリップやカラビナ（留め具）の付いたストラップ（紐）も役に立ちます。

- OS（iOS や Android）のセキュリティアップデートがあった場合は，なるべくすぐにアップデートしましょう。
- 匿名で SNS をしている場合，不用意な書き込みで身バレしないように注意しましょう。アップした写真の背景から住所がわかってしまうこともあります[*14]。
- パソコンと違って，スマホでは各アプリは隔離された環境で動作します。そのため，OS 以外のアプリが別のアプリの動作を監視することは無理ですので，「ウイルス対策ソフト」が仮にあったとしても，できることは非常に限られています。特に iOS では（通常の方法では）公式ストアのアプリしか動作できないので，Apple の審査を信じるなら，マルウェアの心配はありません。Android も，デフォルトでは公式ストアのアプリしかインストールできない設定になっているので，この設定を変えない限り安全です。ただ，審査をくぐりぬけた悪質なアプリもありえます。必要もないのに連絡先やカメラへのアクセスを求めてくるアプリには注意しましょう。

*14 写真には位置情報が付きますが，多くのSNSではこれを削除して掲載しているはずです。

11.7 パスワード管理

友だちに「レポートを代理で出してあげるからパスワードを教えて」などと言われても，絶対に教えないようにしましょう。履修申告を消されてしまったり，就職の内定通知メールを消され，内定辞退のメールを出されてしまったなどの被害が実際に起きた大学があるそうです。

たとえ他人のパスワードを知ってしまっても，それを無断で使うことは，不正アクセス禁止法（☞ 166 ページ）で禁じられています。

自分のパスワードを盗み見られたかもしれないと感じたら，すぐにパスワードを変更しましょう[*15]。もし悪用されたなら，しかるべきところで相談しましょう。

パスワードは，サイトごとに違うものを設定し，使いまわさないようにしましょう。サイトの中にはパスワードを収集するために作られたものもあります。どこか一つのサイトでパスワードが漏れたら，すべてのアカウントが破られてしまいます。

サイトごとに別のパスワードを使い，しかも十分複雑なものにするとなると，人間が記憶することは無理です。紙に書き留めて安全なところに保管しておきましょう。ファイル（Excel ファイルなど）に書き込んで暗号化しておいてもかまいません。そのファイルを開くパスワードだけは記憶する必要があります。

ブラウザーや OS のパスワード管理機能を使ってもかまいません。専用の**パスワード管理ソフト**もあります[*16]。これらには，複雑なパスワードを自動生成する機能を持つものもあります。

*15 継続して悪用されている可能性があるなら，すぐにパスワードを変更せず，ネットワーク管理者と相談の上，しばらく証拠を収集するという方法も考えられます。

*16 1Password，LastPass，オープンソースの KeePass（Windows）・KeePassX（汎用）などがあります。OS に付属するものでは，iPhone・Mac の iCloud で同期する「キーチェーン」，Windows の OneDrive による同期機能があります。ブラウザーの Google Chrome や Firefox にもパスワード等の同期（Sync）機能があります。

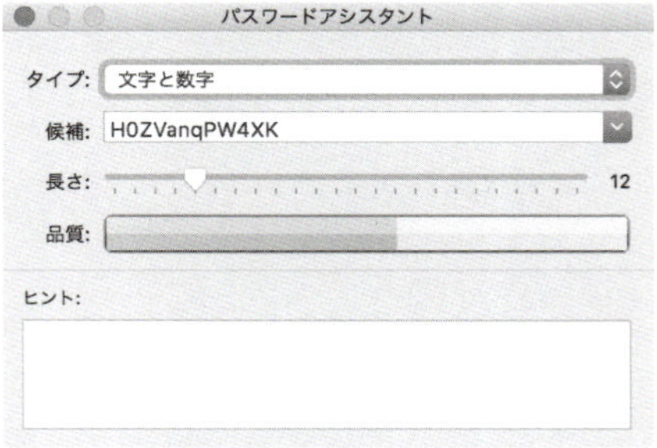

図 11.5　Mac のキーチェーンアクセスのパスワードアシスタントで複雑なパスワードを自動生成したところ。

これ以外に次の点に注意しましょう。

- 名前・生年月日・電話番号・辞書にある語を使った短いパスワード（Momoe0117 など）は特に危険です。大文字・小文字・数字・記号を混ぜた複雑なものが推奨されていますが，十分長い文字列（例えば複数の単語からできた**パスフレーズ**）なら，小文字とスペースだけでも大丈夫です*17。
- パスワードをいくら紙に書いていいといっても，付箋紙に書いて端末に貼っておくのは問題外です。
- キャッシュカードでも，暗証番号のメモといっしょに保管したり，生年月日・住所・電話番号・車のナンバーなどを暗証番号に使ったりすると，被害を受けても預金者保護法で保護されない可能性があります。
- パスワードを定期的に変えることは，あまり意味がありません。むしろ，パスワードを打つところを見られたと思ったらすぐに変えましょう。
- 「ネットワーク管理者」や「警察」を騙った電話やメールでパスワードを聞き出す詐欺（ソーシャルエンジニアリング）に注意しましょう。パスワードは電話やメールで伝えるものではありません。
- 他人の見ているところでパスワードを打ち込むのは危険です。またマナーとして，他人がパスワードを打ち込むときはキーボードが見えない位置に移動しましょう。
- 当然のマナーとして，他人がサインイン（ログイン）しているパソコンをそのまま使わないようにしましょう。
- パスワードを忘れたときのために，「母親の旧姓は？」「憧れの職業は？」のような「秘密の質問と答え」を入力させるサイトがあります。このような質問の答えだけでパスワードが回復できてしまうとすれば，非常に危険です*18 ので，正直に入れず，推測できない文字列にしましょう。

*17 ただ，長いパスワードを打ち込んでも先頭の何文字かしか認識しないような古いシステムもあるので，注意が必要です。ひどい場合には，パスワード設定画面と入力画面で認識する長さが違って，同じ（長い）パスワードを打ってもログインできないことがあります。そのような場合には，パスワード設定画面が何文字認識するか調べて，その長さに切り詰めたパスワードを打てば大丈夫です。

*18 本来の意図は，パスワードをリセットするときなどに別の情報で本人を確認するためのものですが，個人の情報は思っている以上に他人が知っているものです。実際に，アメリカ副大統領候補のメールが盗まれた事件がありましたが，犯人は，誕生日と郵便番号と「配偶者に出会ったのはどこ？」という秘密の質問の答えを，ネット検索で調べてパスワードをリセットしました。日本でも，誕生日とペットの名前でパスワードをリセットして同級生のメールを盗み見した中学生がいました。

PIN，2段階認証，生体認証

Windows へのサインインには，Microsoft アカウントのパスワードではなく，**PIN**（ピン）[*19]（暗証番号）を使うことが推奨されるようになりました。Microsoft アカウントのパスワードが盗み見されると，知らないうちに自分のファイルにアクセスされてしまいますが，PIN なら，端末を盗まれない限り，盗み見されても大丈夫です。

Google などで使われるようになった **2 段階認証**は，パスワードに加えて，携帯電話のテキストメッセージやスマホの認証アプリに送られてくる暗証番号を入力するものです。2 回目からは，同じ端末からログインする場合はパスワードだけで OK ですが，別の端末からログインしようとすると，また別の暗証番号が送られてきます。

生体認証は指紋や顔などを使った認証です。指紋認証や顔認証は，すでにスマホやノート PC で広く使われています。便利ですが，指紋を盗まれてしまえば偽装が可能であること[*20]や，機種によっては顔写真で突破されてしまうことには注意が必要です。

*19 Personal Identification Number

*20 指紋は，パスワードと違って取り替えることはできないので，盗まれた場合に厄介です。

11.8 無線LANのセキュリティ

無線 LAN（**Wi-Fi**（ワイファイ））[*21]が広く使われるようになりました。無線 LAN ルーターを自宅などで設置するときは，通信の暗号化を必ず設定しておきましょう。

通信の暗号化のうち WEP（ウェップ）などの古い方式は安全ではありません。WPA2-PSK（WPA2 パーソナル）・WPA3 パーソナルを使いましょう。暗号化の鍵には十分長いものを設定しましょう（出荷時に設定されているはずです）。

公衆無線 LAN（フリー Wi-Fi）も増えました。設置者不明の野良（のら）Wi-Fi もよく見かけます。公衆無線 LAN は，たとえ通信が暗号化されていても，暗号化の鍵（パスワード）がだれでも見えるところに掲示されていれば，暗号化の意味はあまりありません。また，暗号化の有無にかかわらず，無線 LAN の設置者には通信が丸見えです。

そもそも，インターネットそのものが，通信路での盗聴が可能な作りになっていますので，無線 LAN ばかり心配しても，あまり意味がありません。

そのために，通信路の暗号化に頼らず SSL/TLS などの「自前の」暗号化が使われているのです。Web サイトなら必ず「https:」であることを確認しましょう。メールソフトなども，必ず TLS などで暗号化する設定にしましょう。LINE も，端末・サーバー間の通信を暗号化しています[*22]。

さらなる安全策として，端末・オフィス間の通信をすべて暗号化した上で，端末のすべての通信をオフィス経由にする VPN[*23]という仕組みがあります。テレワーク（在宅勤務など）でよく使われます。オフィス側には，端末の通信先がすべて把握できます。大学などでも VPN サービスを提供していることがあります。市販の家庭用ルータの中にも VPN サーバー機能を持つものがあります。

*21 厳密には，Wi-Fi は，Wi-Fi Alliance という業界団体から認証を受けたものを指します。

*22 Letter Sealing をオンにしておけば，さらに端末・端末間の通信も暗号化されますので，LINE サーバー側にも通信内容がわかりません。

*23 Virtual Private Network

11.9 公開鍵暗号・電子署名・PKI

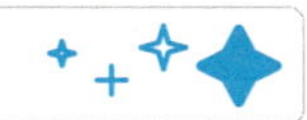

通常の暗号（**共通鍵暗号**）は，暗号化の鍵（パスワードの類）と，**復号**（ふくごう）（元に戻すこと）の鍵とが同じです。暗号化した人は，復号してもらいたい人に安全に鍵を届けるのに苦労します。よく「パスワードは次のメールで送ります」とか「パスワードは私の内線番号です」のような伝え方をすることがありますが，セキュリティ的には無意味です*24。

これに対して，**公開鍵暗号**は，暗号化の鍵と復号の鍵が異なります。情報の受け手（A さん）は，暗号化の鍵と復号の鍵のペアを生成し，暗号化の鍵だけを公開し（公開鍵），復号の鍵は秘密にしておきます（秘密鍵）。A さんにメッセージを送りたい B さんは，A さんの公開鍵を使ってメッセージを暗号化して送ります。メッセージは秘密鍵を持つ A さんしか読むことができません。A さんは自分の秘密鍵をだれにも知らせる必要がないので，安全です。

公開鍵暗号の応用として，作成した文書に電子署名を付けることもできます。電子署名の仕組みが広まれば，物理的な印鑑が不要になります。メールの差出人が簡単に偽装できるという問題も解決できます。

多くのメールソフトは，公開鍵暗号を使うための **S/MIME**（エスマイム）という仕組みに対応しています。しかし，これを使うのに必要な電子証明書が簡単には入手できないので，個人用にはほとんど使われていません。一方，自由に使える PGP（OpenPGP）という公開鍵暗号の仕組みが昔からあり，これに対応したオープンソースの GnuPG（GNU Privacy Guard）というソフトが有名です。本稿執筆中に，オープンソースのメールソフトとして有名な Thunderbird が，ついに OpenPGP に標準で対応しました。今後は OpenPGP の利用が広がることが期待されます。

公開鍵暗号の仕組みを公的な場で使うには，公開鍵と本人とを結びつける仕組みが必要です。そのための仕組みが**公開鍵基盤（PKI）***25 です。

その大規模な応用例として，マイナンバーカードの IC チップには，本人の公開鍵・秘密鍵と，その公開鍵が本人のものであることを証明するための電子証明書が入っており，マイナンバーカードをカードリーダーやスマホにかざすだけで，本人であるという認証ができたり，書類に署名したりできる**公的個人認証（JPKI）**という仕組みが作られています*26。この仕組みを活用できれば，役所に行かなくてもすべての手続きがオンラインで完結する**電子政府**が完成します。

このように，セキュリティ技術は機密を守るだけでなく，正しい情報をいつでも利用できるようにすることで，社会のありかたも変えてしまう力を持っています。残念ながら，技術的基盤があっても，人間が対応できていないのが現状です*27。

*24 そのメールが漏れるようなら，次のメールも漏れているはずです。また，数けたの内線番号程度のパスワードは，総当たり法により，一瞬で破られてしまいます。

*25 public key infrastructure

*26 マイナンバーカードに埋め込まれた IC チップを使った JPKI の仕組みは，12桁の個人番号（マイナンバー）とは無関係です。

*27 2020年の新型コロナウイルス流行の際に，1人10万円の特別定額給付金が支給されることになり，郵送による申請に加えて，マイナンバーカードを使った電子申請が用意されましたが，電子申請を電子的に処理する仕組みがなく，多くの自治体では手作業で処理しました。

12 情報と法律

INFORMATION & LAW

ある有名人が自分のブログでネット上の写真を勝手に使ったことを咎められ，「今の今までウェブ上にある画像は自由に使っていいものだと思っておりました」と謝罪したことがありました。著作権法を知っていれば，そのようなことにはならなかったはずです。ここでは，著作権法を中心に，情報に関連するおもな法律を学びます。

12.1 著作権法

▶知的財産権

形のない知的生産物に対する権利が**知的財産権**です。知的財産権には，著作権，特許権，商標権などがあります。

特許は，発明に対して与えられます。何かを発明したら，それを文書にして出願すれば，審査に通れば特許として登録されます。特許の出願・審査・維持のためには，かなりの金額が必要になります。詳しくは特許庁の Web サイトをご覧ください*1。

*1 早口言葉にある「東京特許許可局」は存在しません。

特許はアイデアを保護します。あなたが独自に考えたアイデアを商品化して儲けたところ，たまたま別の人が同じアイデアを考えて特許を登録しており，特許侵害で莫大な損害賠償を請求されるということがありえます。

これに対して，著作権はアイデアではなく表現を保護します。特許と違って，たまたま同じ表現をしてしまったとしても，元の作品を真似したのでなければ，著作権侵害になりません。

以下では，日本の著作権法から，本書の主題とかかわる部分を解説します。

▶著作物とは？

著作権によって守られる著作物を例示したのが次の第 10 条です。「事実の伝達にすぎない雑報及び時事の報道」は著作物ではないとされていますが，線引きは微妙です。

（著作物の例示）
第十条　この法律にいう著作物を例示すると、おおむね次のとおりである。
　一 小説、脚本、論文、講演その他の言語の著作物
　二 音楽の著作物
　三 舞踊又は無言劇の著作物
　四 絵画、版画、彫刻その他の美術の著作物
　五 建築の著作物
　六 地図又は学術的な性質を有する図面、図表、模型その他の図形の著作物
　七 映画の著作物

八　写真の著作物
九　プログラムの著作物
2　事実の伝達にすぎない雑報及び時事の報道は、前項第一号に掲げる著作物に該当しない。
3　第一項第九号に掲げる著作物に対するこの法律による保護は、その著作物を作成するために用いるプログラム言語、規約及び解法に及ばない。この場合において、これらの用語の意義は、次の各号に定めるところによる。
一　プログラム言語　プログラムを表現する手段としての文字その他の記号及びその体系をいう。
二　規約　特定のプログラムにおける前号のプログラム言語の用法についての特別の約束をいう。
三　解法　プログラムにおける電子計算機に対する指令の組合せの方法をいう。

編集物やデータベースも著作物になりえます[*2]。

（編集著作物）
第十二条　編集物（データベースに該当するものを除く。以下同じ。）でその素材の選択又は配列によつて創作性を有するものは、著作物として保護する。
2　前項の規定は、同項の編集物の部分を構成する著作物の著作者の権利に影響を及ぼさない。

（データベースの著作物）
第十二条の二　データベースでその情報の選択又は体系的な構成によつて創作性を有するものは、著作物として保護する。
2　前項の規定は、同項のデータベースの部分を構成する著作物の著作者の権利に影響を及ぼさない。

▶著作者人格権と著作権

著作者の権利には，（狭い意味での）著作権と，著作者人格権とがあります。

（著作者の権利）
第十七条　著作者は、次条第一項、第十九条第一項及び第二十条第一項に規定する権利（以下「著作者人格権」という。）並びに第二十一条から第二十八条までに規定する権利（以下「著作権」という。）を享有する。
2　著作者人格権及び著作権の享有には、いかなる方式の履行をも要しない。

上の第 2 項の「いかなる方式の履行をも要しない」というのは，無方式主義とも言われ，作品を文化庁に登録したり ©（まるシー）マークを付けたりする必要がないことを意味します。よく Web ページなどに

Copyright © 2020 〈著作権者名〉. All Rights Reserved.[*3]

などと書いてありますが，これは著作権者（ちょさくけんしゃ）[*4] を明確にする意味はあっても，これを書かないと著作権が主張できないということはありません[*5]。

著作者人格権とは次の「公表権」「氏名表示権」「同一性保持権」を指します。

*2 「よつて」のように拗促音が小書きされていませんが，法律は，それが最初に作られたときの書き方を受け継いでいます。誤植ではありません。

*3 日本の Web ページで “All Right Reserved” になっているものをときどき見かけますが，「すべての権利」ですから，複数形にすべきものです。

*4 「ちょさくけんじゃ」とも読みます。

*5 1989 年以前のアメリカ合衆国ではこのような表示が必要でしたが，現在，このような表示が意味を持つ国（万国著作権条約加盟かつベルヌ条約・TRIPS協定非加盟）は存在しないはずです（ラオスは2012年ベルヌ条約加盟）。

（公表権）
第十八条 著作者は、その著作物でまだ公表されていないもの（その同意を得ないで公表された著作物を含む。以下この条において同じ。）を公衆に提供し、又は提示する権利を有する。当該著作物を原著作物とする二次的著作物についても、同様とする。

（氏名表示権）
第十九条 著作者は、その著作物の原作品に、又はその著作物の公衆への提供若しくは提示に際し、その実名若しくは変名を著作者名として表示し、又は著作者名を表示しないこととする権利を有する。その著作物を原著作物とする二次的著作物の公衆への提供又は提示に際しての原著作物の著作者名の表示についても、同様とする。

（同一性保持権）
第二十条 著作者は、その著作物及びその題号の同一性を保持する権利を有し、その意に反してこれらの変更、切除その他の改変を受けないものとする。

著作権に含まれる権利は，複製権，上演権・演奏権，上映権，公衆送信権，口述権，展示権，頒布権，譲渡権，貸与権，翻訳権，翻案権などです。Web サーバーなどにアップロードする権利は公衆送信権です。

著作権は譲渡できますが，著作者人格権は譲渡できません。

（著作者人格権の一身専属性）
第五十九条 著作者人格権は、著作者の一身に専属し、譲渡することができない。

（著作権の譲渡）
第六十一条 著作権は、その全部又は一部を譲渡することができる。

このため，著作者と，著作権を持っている人（著作権者）が一致しないことがあります。

▶著作権の制限

著作物の複製はすべてダメというわけではなく，例外がいくつかあります。

まずは私的使用のための複製です。本でも音楽でも，家庭内などでのコピーは自由に行うことができます。ただし，CCCD（コピーコントロール CD）のプロテクトを外してコピーすることは，たとえ自分用でも，禁止されています。2013 年 1 月 1 日施行の法改正で，DVD・Blu-ray の暗号を回避することも禁止されました。

（私的使用のための複製）
第三十条 著作権の目的となつている著作物（以下この款（かん）*6 において単に「著作物」という。）は、個人的に又は家庭内その他これに準ずる限られた範囲内において使用すること（以下「私的使用」という。）を目的とするときは、次に掲げる場合を除き、その使用する者が複製することができる。

一 公衆の使用に供することを目的として設置されている自動複製機器（複製の機能を有し、これに関する装置の全部又は主要な部分が自動化されている機器をいう。）を用いて複製する場合

二 技術的保護手段の回避（第二条第一項第二十号に規定する信号の除去若しくは改変（記録又は送信の方式の変換に伴う技術的な制約による除去又は改変を除く。）を行うこと又は同号に規定する特定の変換を必要とするよう変換された著作物、実演、レコード若

*6 「款」は法律の「条」の上の単位。ここは著作権法 第二章 第三節 第五款 第三〇条。

しくは放送若しくは有線放送に係る音若しくは影像の復元（著作権等を有する者の意思に基づいて行われるものを除く。）を行うことにより、当該技術的保護手段によつて防止される行為を可能とし、又は当該技術的保護手段によつて抑止される行為の結果に障害を生じないようにすることをいう。第百二十条の二第一号及び第二号において同じ。）により可能となり、又はその結果に障害が生じないようになつた複製を、その事実を知りながら行う場合

三　著作権を侵害する自動公衆送信（国外で行われる自動公衆送信であつて、国内で行われたとしたならば著作権の侵害となるべきものを含む。）を受信して行うデジタル方式の録音又は録画を、その事実を知りながら行う場合

2　私的使用を目的として、デジタル方式の録音又は録画の機能を有する機器（放送の業務のための特別の性能その他の私的使用に通常供されない特別の性能を有するもの及び録音機能付きの電話機その他の本来の機能に附属する機能として録音又は録画の機能を有するものを除く。）であつて政令で定めるものにより、当該機器によるデジタル方式の録音又は録画の用に供される記録媒体であつて政令で定めるものに録音又は録画を行う者は、相当な額の補償金を著作権者に支払わなければならない。

図書館等における複製も，制限付きではありますが，認められています（第 31 条）。ここでいう図書館等は，著作権法施行令第 1 条の 3 で定められたもので，だれでも図書館サービスができるわけではありません。

▶引用

著作権法では引用は次のように規定されています。

（引用）
第三十二条　公表された著作物は、引用して利用することができる。この場合において、その引用は、公正な慣行に合致するものであり、かつ、報道、批評、研究その他の引用の目的上正当な範囲内で行なわれるものでなければならない。

例えば，安倍晋三氏は著書『美しい国へ』（文藝春秋，2006 年）で「……」と述べているが私は次の理由でそれは正しくないと考える――というようなレポート・論文を書きたいとします。「……」の中の部分は，安倍氏の書いたものをそのまま引用しないと，正確な議論ができません。このような引用は著作権法で認められています。量がある程度多くなっても，あなたの評論が主（しゅ）で，引用が従（じゅう），という主従関係があれば，問題ありません。引用文は，あなた自身の言葉と明確に区別しなければなりません。短い引用は「……」のような引用符で囲みます。長い引用は，この章で著作権法を引用*7 している個所のように，前後で改行して，頭を 2〜3 文字下げて書きます。また，出所（しゅっしょ）（どこから引用したか）を明示する義務があります（第 48 条）。

ちなみに，「無断引用を禁じる」と書いてある Web ページがありますが，著作権法から考えて無理な主張です*8。

▶試験問題

公表された著作物なら，入学試験などの問題に無承諾で利用できます（第 36 条）。ただし，問題をネット公開したり試験問題集などで販売したりする場合には，許諾が必要です。

*7 ただし著作権法のような法律はもともと著作権法によって保護されていません。

*8 「無断転載を禁じる」はありえます。第三十二条2に「国若しくは地方公共団体の機関、独立行政法人又は地方独立行政法人が一般に周知させることを目的として作成し、その著作の名義の下に公表する広報資料、調査統計資料、報告書その他これらに類する著作物は、説明の材料として新聞紙、雑誌その他の刊行物に転載することができる。ただし、これを禁止する旨の表示がある場合は、この限りでない。」が根拠です。

▶授業教材のコピー

学校で授業中に配付するプリント類については，多量でない限り，著作物を（無許諾で）利用してよいというのが元々の35条でした。それが，前回の法改正（2004年施行）で，別教室をネットで結んで行う場合にも，同時授業であれば許されることになりました。一方，教材を学習管理システム（LMS）に入れて学生だけに公開する大学が増えましたが，それは授業と同時ではないので，著作物の利用はできませんでした。それを補償金と引き換えに可能にしようというのが2018年の改正です。3年以内に施行することになっていましたが，新型コロナウイルスによるオンライン授業に対処するため，前倒しで2020年4月28日に施行し，しかも初年度は補償金が無償になりました。補償金を受け取る団体はSARTRAS（https://sartras.or.jp/）です。2021年度からの補償金は，大学の場合，学生1人あたり年額720円と決まりました。

（学校その他の教育機関における複製等）
第三十五条　学校その他の教育機関（営利を目的として設置されているものを除く。）において教育を担任する者及び授業を受ける者は、その授業の過程における利用に供することを目的とする場合には、その必要と認められる限度において、公表された著作物を複製し、若しくは公衆送信（自動公衆送信の場合にあつては、送信可能化を含む。以下この条において同じ。）を行い、又は公表された著作物であつて公衆送信されるものを受信装置を用いて公に伝達することができる。ただし、当該著作物の種類及び用途並びに当該複製の部数及び当該複製、公衆送信又は伝達の態様に照らし著作権者の利益を不当に害することとなる場合は、この限りでない。
2　前項の規定により公衆送信を行う場合には、同項の教育機関を設置する者は、相当な額の補償金を著作権者に支払わなければならない。

▶保護期間

日本の著作権の保護期間は著作者の死後70年までです[*9]。

（保護期間の原則）
第五十一条　著作権の存続期間は、著作物の創作の時に始まる。
2　著作権は、この節に別段の定めがある場合を除き、著作者の死後（共同著作物にあつては、最終に死亡した著作者の死後。次条第一項において同じ。）七十年を経過するまでの間、存続する。

（無名又は変名の著作物の保護期間）
第五十二条　無名又は変名の著作物の著作権は、その著作物の公表後七十年を経過するまでの間、存続する。ただし、その存続期間の満了前にその著作者の死後七十年を経過していると認められる無名又は変名の著作物の著作権は、その著作者の死後七十年を経過したと認められる時において、消滅したものとする。
2　前項の規定は、次の各号のいずれかに該当するときは、適用しない。
一　変名の著作物における著作者の変名がその者のものとして周知のものであるとき。
二　前項の期間内に第七十五条第一項の実名の登録があつたとき。
三　著作者が前項の期間内にその実名又は周知の変名を著作者名として表示してその著作物を公表したとき。

*9 日本の著作権の保護期間は長い間著作者の死後50年でしたが，環太平洋パートナーシップ（TPP）協定が2018年12月30日に発効したことにより，70年に延長されました。

映画については公表後 70 年です（第 54 条）。

▶ダウンロード違法化

2012 年 10 月 1 日施行の法改正で，違法ダウンロードが刑事罰の対象になりました。

> 第百十九条　3　第三十条第一項に定める私的使用の目的をもつて、録音録画有償著作物等（録音され、又は録画された著作物又は実演等（著作権又は著作隣接権の目的となつているものに限る。）であつて、有償で公衆に提供され、又は提示されているもの（その提供又は提示が著作権又は著作隣接権を侵害しないものに限る。）をいう。）の著作権又は著作隣接権を侵害する自動公衆送信（国外で行われる自動公衆送信であつて、国内で行われたとしたならば著作権又は著作隣接権の侵害となるべきものを含む。）を受信して行うデジタル方式の録音又は録画を、自らその事実を知りながら行つて著作権又は著作隣接権を侵害した者は、二年以下の懲役若しくは二百万円以下の罰金に処し、又はこれを併科する。

さらに，リーチサイト*10（侵害コンテンツへのリンクサイト）運営の刑事罰化（2020 年 10 月 1 日施行），ダウンロード違法化・刑事罰化の音楽・映像以外への拡大（2021 年 1 月 1 日施行）といった改正が続いています。

*10 リーチ（leech）は，血を吸うヒルの意。

▶他人の著作権を侵害しないために

引用など著作権法で許された範囲を超えて他人の著作物を使う場合は，必ず許諾をもらいましょう。

青空文庫*11 などで公開されている著作権切れの作品なら自由に使えます。また，後で述べる Creative Commons ライセンスの作品などは，一定の条件を満たせば自由に使えます。有名な「いらすとや」さんのフリー素材は，20 点までなら無料で使えます*12。

*11 青空文庫 https://www.aozora.gr.jp/ は，著作権が切れた文学作品などをボランティアが入力して公開しているサイトです。

*12 これは本書執筆時の利用規約です。必ず https://www.irasutoya.com サイトでご確認ください。

▶Creative Commons ライセンス

作品をネットで公開して広く利用してほしいのに，利用者は著作権侵害で訴えられたくないので二の足を踏むことがあります。そんなとき，作者が作品に **Creative Commons**（クリエイティブ・コモンズ）ライセンス（CC ライセンス）を付けておけば，利用者は安心して利用できます。

CC ライセンスの基本は，元の作者名などを削除しない限り，利用者が作品を自由にコピー・再配布・改変（リミックス）できることです。改変は翻訳・翻案・編曲なども含みます。ただし，オプションで改変禁止などが選べます：

- 表示（BY = Attribution）：作品のクレジット（作者名など）を表示すること（必須）
- 非営利（NC = Noncommercial）：営利目的での利用をしないこと（オプション）
- 継承（SA = Share Alike）：（元の作品を改変してもいいが改変した作品は）元の作品と同じ組み合わせの CC ライセンスで公開すること（オプション）
- 改変禁止（ND = No Derivative Works）：元の作品を改変しないこと（オプション）

オプションの組合せで 6 通りの CC ライセンスがあります（最後の SA・ND は矛盾する条件なので両方を付けることはできません）。

例えばWikipediaのテキストはクリエイティブ・コモンズ 表示 - 継承（CC BY-SA）ライセンスで公開されています。したがって，Wikipediaの文章をコピペ（コピー・ペースト）したり加筆したりするのは，営利目的も含めて自由ですが，改変物を公開する際には，Wikipediaの何々という項目に基づくことを明記し（「表示」），改変物も同じCC BY-SAライセンスにしないといけません（「継承」）[*13]。Wikipedia自体が，この改変・継承という過程で，より充実した内容に置き換えられてきたものです。

国や自治体などの持つデータを**オープンデータ**として公開する際には，CC BYライセンスと同等か，より弱い条件（まったく権利を主張しない**パブリックドメイン**も含む）にするのがよいとされています[*14]。データを企業が利用するには「非営利」では困りますし，データをグラフにしたりほかのデータと組み合わせたりするには「改変禁止」では困るからです。

*13 著作権法第32条の「引用」の範囲内であれば，この限りでありません。

*14 CC BYと同等の「政府標準利用規約（第2.0版）」が定められています。

12.2 個人情報保護法

個人情報の管理の適正化を促すため，「個人情報の保護に関する法律」（個人情報保護法）が制定され，2005年4月1日から完全施行されました。この法律は基本となる考え方と企業の対応を定めたものですが，行政機関については「行政機関の保有する個人情報の保護に関する法律」（行政機関個人情報保護法），国立大学法人を含めた独立行政法人等については「独立行政法人等の保有する個人情報の保護に関する法律」（独立行政法人等個人情報保護法）が定められています。

2017年5月30日には，大幅に改正された個人情報保護法が施行されました。

個人情報保護法では，個人情報を次のように定義しています[*15]：

> （定義）
> **第二条**　この法律において「個人情報」とは、生存する個人に関する情報であって、次の各号のいずれかに該当するものをいう。
> 一　当該情報に含まれる氏名、生年月日その他の記述等（文書、図画若しくは電磁的記録（電磁的方式（電子的方式、磁気的方式その他人の知覚によっては認識することができない方式をいう。次項第2号において同じ。）で作られる記録をいう。第18条第2項において同じ。）に記載され、若しくは記録され、又は音声、動作その他の方法を用いて表された一切の事項（個人識別符号を除く。）をいう。以下同じ。）により特定の個人を識別することができるもの（他の情報と容易に照合することができ、それにより特定の個人を識別することができることとなるものを含む。）
> 二　個人識別符号が含まれるもの

2017年の改正により，カッコが3重になった読みにくい定義になってしまいました。要するに，改正で加わった「個人識別符号」（生体認証の情報やカード番号など）も含め，個人を特定できるものを含む情報が個人情報であり，本人に無断で第三者に提供することが禁じられます。

改正前は，このような個人情報を5000件以上保持している企業が「個人情報取扱事業

*15 この定義をよく読めば，氏名など個人を特定できる情報が個人情報，というわけではなく，氏名など個人を特定できる情報が含まれれば，氏名など個人を特定できる情報以外の情報も個人情報になることがわかります。

者」でしたが，改正後はこの条件が外れ，少数のデータしか持たない事業者も対象に含められました。

個人情報保護法は，当初「マスコミ規制法」だと批判を受けたので，適用除外がたくさんあります。

（適用除外）
第七十六条　個人情報取扱事業者等のうち次の各号に掲げる者については、その個人情報等を取り扱う目的の全部又は一部がそれぞれ当該各号に規定する目的であるときは、第 4 章の規定は、適用しない。
一　放送機関、新聞社、通信社その他の報道機関（報道を業として行う個人を含む。）　報道の用に供する目的
二　著述を業として行う者　著述の用に供する目的
三　大学その他の学術研究を目的とする機関若しくは団体又はそれらに属する者　学術研究の用に供する目的
四　宗教団体　宗教活動（これに付随する活動を含む。）の用に供する目的
五　政治団体　政治活動（これに付随する活動を含む。）の用に供する目的

12.3 不正アクセス禁止法

不正アクセス行為の禁止等に関する法律（不正アクセス禁止法）は，2000 年 2 月 13 日施行の比較的新しい法律です。その後何度か改正されています*16。

*16 現在ではフィッシングサイトを作ったりフィッシングメールを送ったりする行為もこの法律で禁じられています。

この法律でいう不正アクセスとは，他人の「識別符号」つまり ID（ユーザー名）・パスワードまたはそれに類するものを無断で利用することです。

友だちのパスワードが，名前や誕生日などから推測できてしまうことがあります。キーボードを打ち込むのを見ていて読み取れてしまうこともありますし，パスワードを書いた紙をちらっと見てしまうことがあるかもしれません。場合によっては，友だちが自分のパスワードを打つときに声に出して言っているのが聞こえるかもしれません。この後で，友だちのパスワードを使ってメールを見てやろうという誘惑にかられるかもしれませんが，たとえメールを読まないでも，友だちのパスワードを打ち込んでログインした時点で不正アクセス行為になります。絶対にやめましょう。

過去において不正アクセスにならなくても，状況が変われば不正アクセスになることがあります。例えば「Web ページを更新してもらうために友人にパスワードを教えたが，後で仲が悪くなって，その友人に Web ページを消された」という事件について，有罪の判決が出ています。以前勤めていた会社のコンピューターにアカウントが残っていたのでログインしたという場合も，不正アクセスになるでしょう。

それぞれの人に別々の ID とパスワードがある場合は，このように不正アクセス禁止法で対処することができますが，秘密の Web ページにパスワードだけしか設定しなかった場合や，Web ページの URL（アドレス）を複雑にしただけの場合は，不正アクセスに問えない可能性があります。

13 Rによるデータ処理

DATA PROCESSING

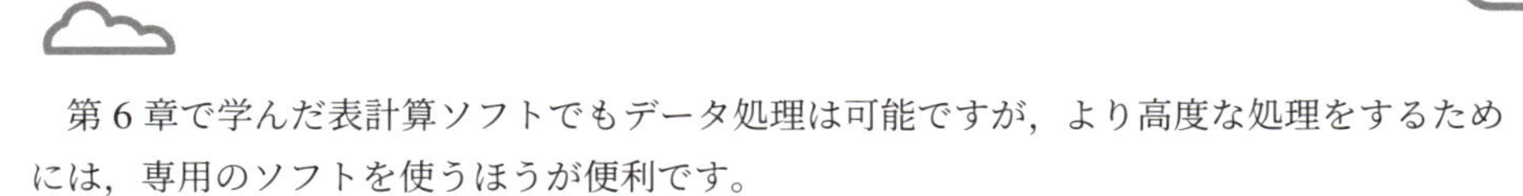

第6章で学んだ表計算ソフトでもデータ処理は可能ですが，より高度な処理をするためには，専用のソフトを使うほうが便利です。

ここでは，データ処理のために作られたR（アール）というソフトを使って，グラフの描画やデータ処理をしてみましょう。

13.1 RとRStudio

R（アール）（https://www.r-project.org）は，計算（主に統計計算）とグラフィック（主に統計グラフ）のためのプログラミング言語です。**RStudio**（アールスタジオ）（https://www.rstudio.com）は，Rと併用して，Rをより使いやすくするソフトです。どちらもオープンソースのソフトで無料です。下の図はRStudioを立ち上げたところです。

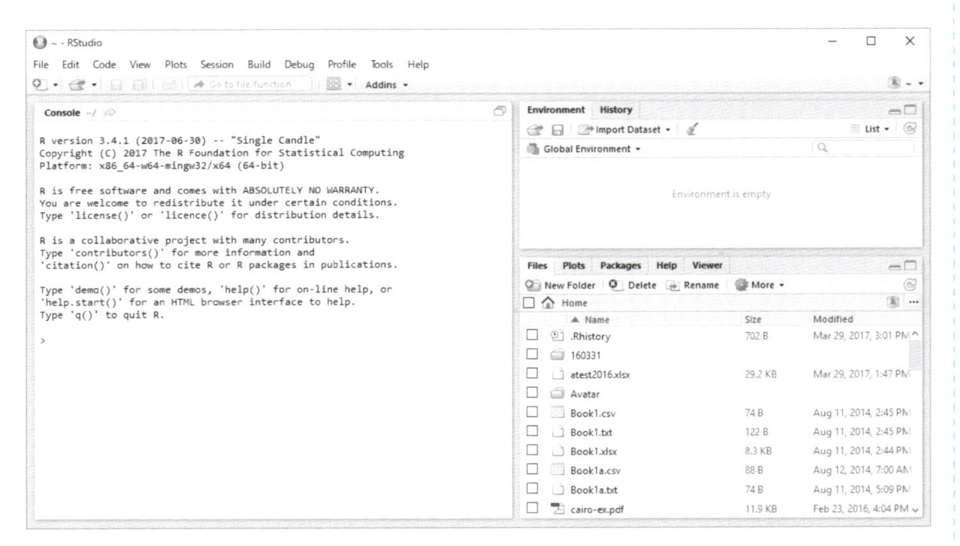

図 13.1　RStudioの起動画面の例(1)。この画面では3つのペイン（区画）に分かれている。左のConsoleの右上の窓マークのボタンをクリックすれば，次ページのように4ペインになる。最初はConsoleだけを使うので，どちらの状態でもかまわない。

Web上でRStudioが使えるRStudio Cloud（https://rstudio.cloud）というサービスも無料で利用できます（ユーザー登録が必要です）*1。

*1 これ以外にGoogle Colaboratoryでも工夫すればRを使うことができます。方法は変わりうるので，サポートページに書いておきます。

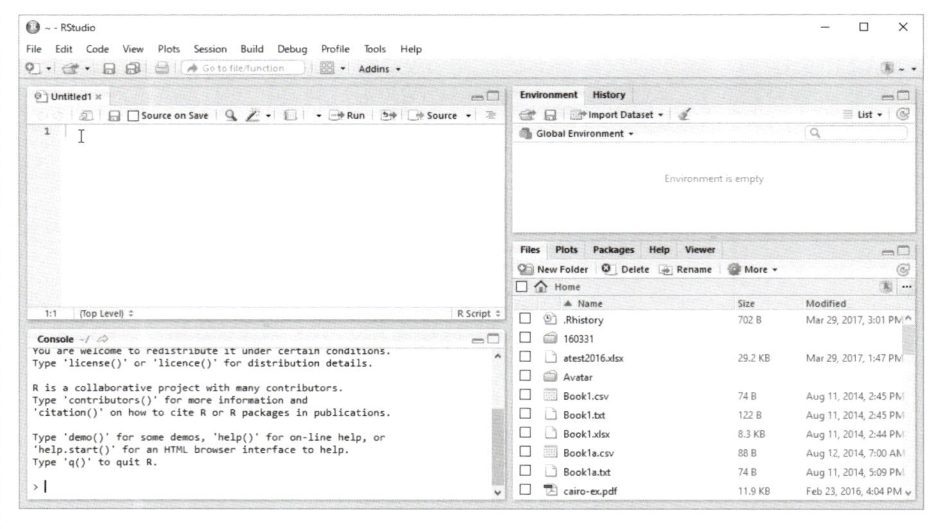

図 13.2　RStudio の起動画面の例(2)。左下の Console は R の命令を直接打ち込むときに使う。左上の Untitled1 と書かれた部分はテキストエディターで，プログラムを打ち込むときに使う。打ち込んだプログラムは，範囲選択して［Run］ボタンを押すと実行される。右上の Environment タブはデータ読み込み・一覧である。右下の File タブは現在のフォルダー内のファイル一覧である。

RStudio では，最初は Console（コンソール）と書かれた部分にいろいろな計算式を打ち込んで，電卓代わりに使って慣れましょう。> はプロンプト（「ここに入力せよ」という印）で，その右側の点滅する縦棒がカーソル（文字を打ち込む部分）です。

まずはコンソールに 3+4 と打ち込んで Enter を打ってみましょう。すると，そのすぐ下に答えの「7」が現れます。

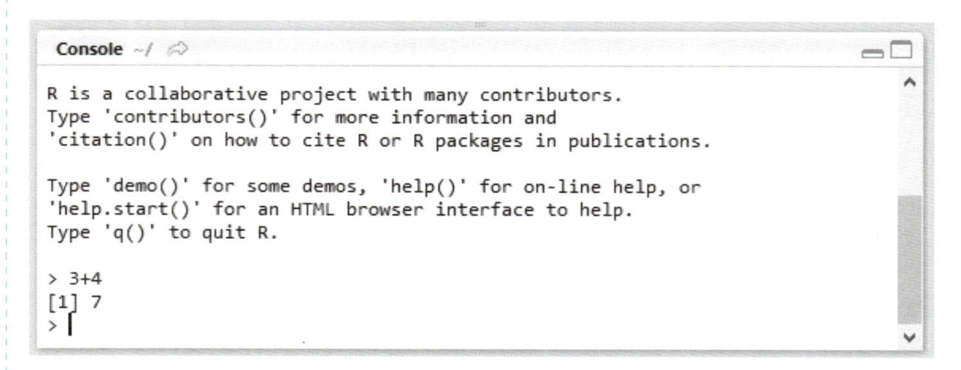

図 13.3　$3+4=7$ の計算。同様に，3×4 なら 3*4，$3\div 4$ なら 3/4 と入力する。3^2 は 3^2，$\sqrt{3}$ は sqrt(3)，$\sin(\pi/2)$ は sin(pi/2) と入力する。

13.2 グラフの描画

2 次関数 $y = x^2$ のグラフを $-3 \leqq x \leqq 3$ の範囲で描くには，RStudio のコンソールに curve(x^2, -3, 3) と打ち込み，[Enter] を打ちます。右下の「Plots」タブに，下の左図のようなグラフが表示されます。

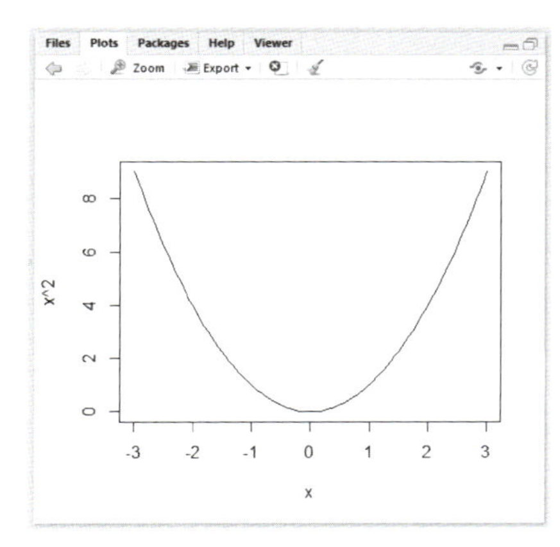

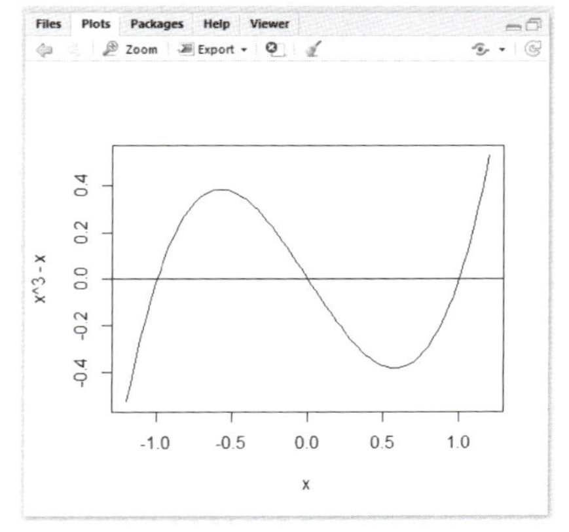

図 13.4　グラフの描画。左は $y = x^2$，右は $y = x^3 - x$ に水平線 $y = 0$ を描き加えたもの。

同様に，$y = x^3 - x$ を $-1.2 \leqq x \leqq 1.2$ の範囲で描くには，curve(x^3-x, -1.2, 1.2) と打ち込みます。続けて abline(h=0) と打ち込むと[*2]，$y = 0$ の水平線が描き加えられます（上の右図）。

*2 h= で水平線，v= で鉛直線が描かれます。

デフォルトのグラフは縦横比（アスペクト比）が 1 になりません。縦横比 1 にするにはオプション asp=1 を付けて curve(x^2, -3, 3, asp=1) のように打ち込みます。

> 理系の人は三角関数も描いてみましょう。$y = \sin x$ を $0 \leqq x \leqq 2\pi$ で描くには
>
> ```
> curve(sin(x), 0, 2*pi)
> ```
>
> と打ち込みます。これに $y = \cos x$ を赤（col="red"）で重ね書き（add=TRUE）するには
>
> ```
> curve(cos(x), col="red", add=TRUE)
> ```
>
> です。x の範囲は元となるグラフのものを継承します。色は英語の色名のほか "#ff3300" のような HTML の色指定も使えます。オプション（col="red" や add=TRUE）の順序は逆でもかまいません。

もし間違えて curve(x^2, -3, 3 のように閉じカッコが不足したまま [Enter] を打ったなら，プロンプトが + に変わります。この状態で閉じカッコ) と [Enter] を打てば問題ありませんが，わからなくなったら [Esc] キーを押して逃げましょう。

描いた図を拡大表示するには［Zoom］をクリックします。

描いた図をファイルに保存するには［Export］→［Save as Image...］→［Save］です。図をクリップボードにコピーするには［Export］→［Copy to Clipboard...］→［Copy Plot］です。クリップボードにコピーした図は，Word などに貼り付けることができます。

13.3 データファイルの読み方

Excel ファイルのデータを読み込んでみましょう。Excel ファイルは，1 行目に列名，2 行目以降にデータが並ぶようにします。セルの結合があるとうまくいきません。「データ無し」（欠損値）はセルを空にしておきます。ここでは第 6 章でも使った 1899 年から 2018 年までの日本の出生数・死亡数のデータを使います。サポートページに birthdeath.xlsx というファイル名で置いてあります。

	A	B	C
1	年	出生数	死亡数
2	1899	1,386,981	932,087
3	1900	1,420,534	910,744
4	1901	1,501,591	925,810
5	1902	1,510,835	959,126
6	1903	1,489,816	931,008
7	1904	1,440,371	955,400
8	1905	1,452,770	1,004,661

```
library(readxl)
birthdeath <- read_excel("C:/Users/okumu    /SkyDrive
/birthdeath.xlsx")
View(birthdeath)
```

図 13.5　（左）Excel ファイルの最初の部分。（右）右上ペイン［Environment］タブの［Import Dataset］→［From Excel...］（下）［Browse...］で Excel ファイルを選び，［Import］で読み込む。初回は readxl パッケージのインストールが始まる

年以外の数値は見やすいように 3 桁ごとにコンマを打ってありますが，手でコンマを入力したのではなく，Excel の機能でコンマを表示しているだけですので，データそのものにコンマは含まれていません。1944〜1946 年の出生数・死亡数が空欄になっていますが，これは第二次世界大戦（1939〜1945 年）の敗戦前後で，統計がありません。

なお，Windows では，ファイル名やフォルダー名に日本語を使うと，本書執筆時点の RStudio の［Import Dataset］ではうまく読み込めません[*3]。

*3 Windows がファイル名・フォルダー名に使っている文字コード「シフト JIS」に RStudio の［Import Dataset］機能がまだ対応していないためです。コンソールに直接

```
library(readxl)
x = read_excel("ファイル名")
```

のように打ち込めば読み込めます。

13.4 データのグラフ化

RStudio の［Import Dataset］で読み込んだデータは，デフォルトでは Excel ファイル名から拡張子を取った名前になります。ここでは birthdeath という名前になりました。データの頭の部分が左上ペインに表示されます。

この birthdeath という 120 行 3 列のデータについて，横軸に 1 列目（年），縦軸に 2〜3 列目（出生数・死亡数）をとってプロットするには，コンソールに次のように打ち込みます：

```
matplot(birthdeath[1], birthdeath[2:3], type="o", pch=16)
```

オプション type="o" は折れ線グラフ，pch=16 は中の詰まった円をデータ点とすることを意味します。［Zoom］してマウスで窓の縦横比を調整してください。

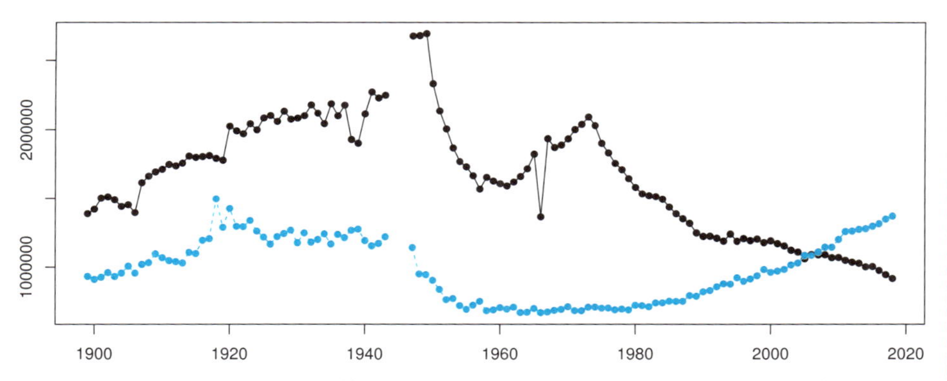

図 13.6　出生数・死亡数の推移（折れ線グラフ）。終戦直後 1947〜1949 年の第一次ベビーブーム，1966 年の「ひのえうま」，1971〜1974 年ごろの第二次ベビーブーム，最近の出生数・死亡数の逆転が読み取れる。

数が大きいので 1 万人単位で表示し，さらに軸ラベルを日本語にしてみましょう[*4]。

```
matplot(birthdeath[1], birthdeath[2:3]/10000, type="o", pch=16,
        xlab="年", ylab="出生数・死亡数（万人）")
```

✎ Mac で文字化けが起こる場合は，あらかじめ次のような日本語フォント指定をコンソールに打ち込んでおきます（ヒラギノ角ゴシック ProN W3 の場合）[*5]：

```
par(family="HiraKakuProN-W3")
```

出生数だけ棒グラフにしてみましょう。matplot() と違って，データは表ではなく数の並び（ベクトル）として与えます。birthdeath の 2 列目の数の並びは birthdeath[[2]] のように 2 重の角（かく）かっこで表します[*6]。

```
barplot(birthdeath[[2]]/10000, names.arg=birthdeath[[1]],
        ylab="出生数（万人）")
```

*4 xlab= は横軸のラベル，ylab= は縦軸のラベルです。これ以外に，目盛の数字を水平にするオプション las=1 も試してください。

*5 日本語フォントはほかに HiraKakuProN-W6 HiraMinProN-W3 HiraMaruProN-W4 などが指定できます。

*6 birthdeath[[2]] の代わりに birthdeath$出生数 のように列の名前で指定することもできます。

13.5 CSV ファイルの読み込みと直線のあてはめ

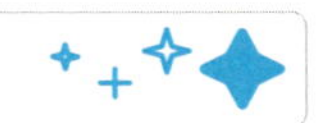

気象庁が https://www.data.jma.go.jp/cpdinfo/temp/list/csv/an_wld.csv で世界の年平均気温偏差（°C）のデータを CSV ファイルで公開しています。これをグラフにするのは第 6 章でも扱いましたが，ここではデータに直線をあてはめるところまでやってみましょう。

R で CSV ファイルを読む命令（関数）は `read.csv("...")` ですが，日本語が使ってある場合，文字コードが問題になります。この気象庁の CSV ファイルは文字コードがシフト JIS なので，`fileEncoding="SJIS"` というオプションを付けて読みます*7。

*7 `read.csv` のデフォルトの文字コードは Windows では SJIS なので，このオプションは省略できます。Mac や Linux ではデフォルトが UTF-8 です。

```
x = read.csv("https://www.data.jma.go.jp/cpdinfo/temp/list/csv/an_wld.csv",
             fileEncoding="SJIS")
```

コンソールに単に x と打ち込めば，その中身が表示されます。文字化けしていないことを確かめてから，プロットしてみましょう*8。

*8 ここでは「世界全体」の気温をプロットしています。このように，描くデータが一つだけなら，`matplot()` でなく `plot()` という命令でもかまいません。「北半球」と「南半球」をプロットするには，`matplot()` の 2 番目の引数 `x[2]` を `x[3:4]` にします。

```
matplot(x[1], x[2], type="o", pch=16, xlab="年", ylab="°C")
```

右上がりですので，地球は温暖化しているようです。

温暖化のようすを $y = ax + b$ のような直線であてはめてみましょう。x が「年」，y が「世界全体」の年平均気温です。それには `lm()` という関数を使います*9。~ はチルダ（121 ページ）です。

*9 `lm()` は linear model（線形モデル）の意味です。

```
r = lm(x[[2]] ~ x[[1]])
abline(r)
```

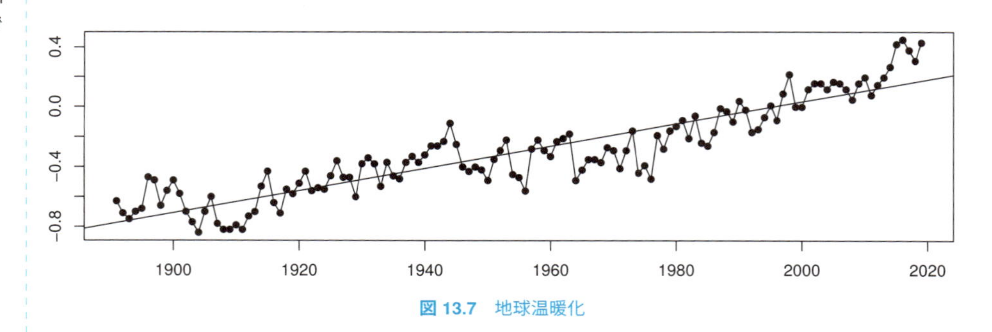

図 13.7　地球温暖化

さらに `summary(r)` と打ち込むと，あてはめた直線の詳細がわかります。この Coefficients（係数）の下の表の `x[[1]]` と Estimate（推定値）の交わったところの数値 `7.440e-03` が直線の傾きです。これは 7.440×10^{-3} という意味で，気温は毎年約 0.00744°C ずつ上昇していることがわかります。

13.6 データの集計

84 ページの「学部・学年別学生数」データは，縦と横に延びています。縦は「学部」，横は「学年」ですが，実際には医学部医学科は 6 年次まであります。このようなデータは，このページの欄外に CSV 形式で示したように並べるのが，後でいろいろな集計をする際に便利です[*10]。

このような表を Excel または CSV 形式で作って，R に読み込みましょう。データの名前は students とします。集計には aggregate() 関数を使います。集計の演算は和（sum）とします[*11]。

```
> aggregate(学生数 ~ 学部, students, sum)
      学部  学生数
1       医   1094
2     教育    867
3       工   1832
4     人文   1217
5 生物資源   1056
```

棒グラフにしてみましょう。

```
> x = aggregate(学生数 ~ 学部, students, sum)
> barplot(x$学生数, names.arg=x$学部)
```

aggregate() すると，学部名が文字コード順に並べ変わってしまいます。特定の順序を維持するには，データを読み込んだ直後に，例えば

```
students$学部 = factor(students$学部, c("人文","教育","医","工","生物資源"))
```

のようにします。

84 ページのような縦横の表は xtabs(学生数 ~ 学部 + 学年, data=students) と打ち込めば得られます。

学年でも集計してみましょう。

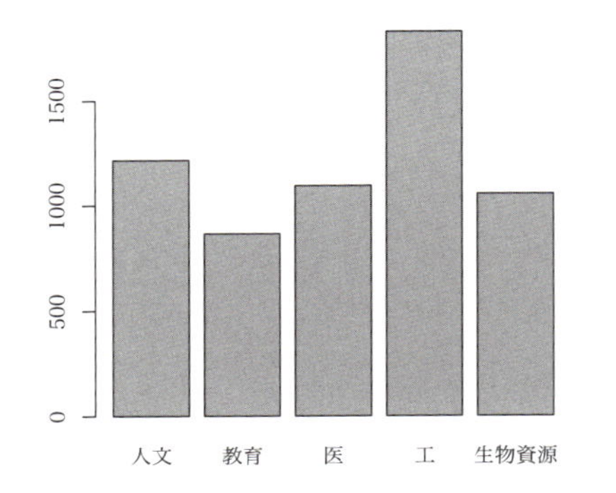

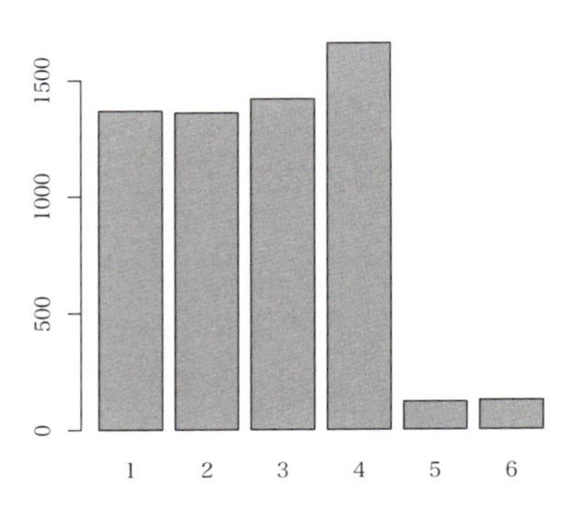

図 13.8 学部別および学年別学生数（棒グラフ）

```
学部,学年,学生数
人文,1,267
人文,2,275
人文,3,308
人文,4,367
教育,1,208
教育,2,211
教育,3,208
教育,4,240
医,1,206
医,2,214
医,3,204
医,4,218
医,5,123
医,6,129
工,1,415
工,2,412
工,3,446
工,4,559
生物資源,1,274
生物資源,2,250
生物資源,3,255
生物資源,4,277
```

*10 一般にデータベースと呼ばれるソフトでは，横にデータを伸ばすことは不可能ですので，必然的に縦に伸びるデータを扱うことになります。この場合，データの並び順には意味がありません。順序に意味を持たせたいのであれば，データに「番号」欄を付けます。

*11 集計の演算は sum 以外に平均 mean や中央値 median が考えられます。

13.7 多数のファイルの集計

アンケート結果をExcelファイルで送ってもらったところ，フォルダーにExcelファイルが何千個もたまりました[*12]。一つずつ開いて集計するのはたいへんですし，間違いが入り込むかもしれません。このような単純作業の問題はプログラミングで解決しましょう。

まず，RStudioで［Session］→［Set Working Directory］→［Choose Directory...］でそのフォルダー（ディレクトリ）に移動しましょう。そこで，コンソールに

```
names = dir(pattern="*.xlsx")
```

と打ち込むと，namesには全Excelファイル名が入ります（names Enter で確認してください）。これらを一つずつ開き，回答の書かれている例えばB2〜C4の6セル分を読んで，B2，B3，B4，C2，C3，C4の順に並べ，xというデータを作るプログラムは，次のようになります[*13]。

```
library(readxl)
f = function(n) {
    unlist(read_excel(n, col_names=FALSE, range="B2:C4"))
}
x = t(sapply(names, f))
```

範囲のB2:C4さえ書き換えれば，上のプログラムは汎用的に使えます。

このような数行以上あるプログラムをRStudioで実行するには，直接1行ずつコンソールに打ち込むよりも，左上ペインのテキストエディター（通常Untitled1と書かれているタブ）に書き込んで，範囲選択して［Run］ボタンを押すのが楽です。

実行したら，コンソールにx Enter と打ち込んで，正しくデータが取れているか確認しましょう。長すぎるなら，head(x) Enter と打てば，頭の数行だけ表示します。未記入のセルはNA（Not Availableの意味）と表示されます。

このxを集計していけばいいのですが，後日集計するためにx.csvというCSVファイルに文字コード「シフトJIS」で保存するには，コンソールに[*14]

```
write.csv(x, "x.csv", fileEncoding="SJIS")
```

と打ち込みます。このCSVファイルはExcelでも開けます。

*12 簡単にスマホで書き込めないExcelでアンケートをするのは，一般には好ましくないことです。Googleなどの外部サービスや，大学のLMS（Moodleなど）で，簡単にアンケートが作れます。スケジュール調整など専用のサイトもあります。

*13 1行目はExcelファイルを読むためのreadxlというパッケージを読みます。もしreadxlがインストールされていないなら，RStudioの［Tools］→［Install Packages...］でreadxlをインストールします。2〜4行目は関数fを定義しています。この関数は，ファイル名nを与えると，指定された範囲（range）のセルを読み込み，行列構造を外して（unlist）セルの並びを取り出します。5行目で，namesに入った各ファイル名について，この関数fを呼び出し（sapply），その行と列を転置（t）したものをxに代入しています。

*14 write.csvのデフォルトの文字コードはWindowsではSJISなので，fileEncoding="SJIS"は省略できます。MacやLinuxでのデフォルトはUTF-8です。

付録A Pythonによるデータ処理

PYTHON PROGRAMMING

第 13 章ではデータ処理に R を使いました。この付録では，ほぼ同じことを，**Python** というプログラミング言語を使ってやってみましょう。

A.1 Python，Google Colaboratory

Python は，いろいろな用途に使えるプログラミング言語です。特に機械学習の分野で広く使われています*1。

Python の処理系（Python でプログラミングしたものを動かすためのソフト）は https://www.python.org からダウンロードできるほか，Microsoft のストアアプリとしても入手できます。Linux には標準で入っていることが多く，Mac のコマンドライン開発ツールにも入っています。

わざわざインストールしなくても，Web 上で Python を使えるサイトがあります。特に有名なのが **Google Colaboratory**（略して Google Colab）です*2。Python 以外に R を使うこともできます。

まずは Google アカウントで Colab サイトにアクセスし，ノートブックを新規作成し，簡単な計算をしてみましょう*3。

前ページの図のように，まずは動作確認のため，最初のセル（入力欄，[1] と書かれているところ）に 3+4 と打ち込んで Shift + Enter を打ってみましょう。すると，最初は少し時間がかかりますが，そのすぐ下に答えの「7」が現れます。

図 A.1　Google Colaboratory で Python を使って $3+4=7$ を計算。Shift + Enter で結果が表示され，次のセルに移動する。同様に，3×4 なら 3*4，$3\div4$ なら 3/4 と入力する。3^2 は 3**2 で計算できる。

*1 本書で扱うのは新しい Python 3.x です。古い Python 2.x がインストールされているコンピューターもまだありますので，注意が必要です。

*2 https://colab.research.google.com

*3 Web ブラウザーによってはうまく使えません。Google Chrome または Safari が推奨です。Windows の古い Edge は使えませんが，新しい Chromium 版の Edge なら大丈夫です。

一つのセルの中に Enter で区切って何行でも命令や計算式を書くことができます。Shift + Enter でセル全体を実行し，最後の行が計算式であればその値を表示します。

A.2 グラフの描画

これからいろいろなグラフを描いたり数値計算をしたりします。その準備として，必要な**ライブラリー**を読み込んでおきましょう。ライブラリー（library）とは英語で図書館のことですが，コンピューターの用語では，計算や描画などに必要な関数の類を分類して保管してあるものを意味します。例えばグラフのプロットのためのライブラリーで有名なのが Matplotlib（マットプロットリブ）です。特に，これに含まれる pyplot（パイプロット）がよく使われます。まずは，これを取り込みましょう。ライブラリーを取り込むことを，Python ではインポート（import）と呼びます。長い名前のライブラリーは，短い名前（ここでは plt）にしてインポートするのが普通です。そのための命令が

```
import matplotlib.pyplot as plt
```

です。同様に，数値計算でよく使われる NumPy（ナムパイ）というライブラリも，短縮名 np にして取り込んでおきます。

```
import numpy as np
```

これらは一つ一つのセルに書いて Shift + Enter で実行してもいいですし，いくつかまとめて実行してもかまいません。インポートは一度実行したら，ブラウザを閉じるまで再実行は不要です。

さて，これらを使って，2 次関数 $y = x^2$ のグラフを $-3 \leqq x \leqq 3$ の範囲で描いてみましょう。まずはセルに

```
x = np.linspace(-3, 3, 101)
```

と打ち込み[*4]，$-3 \leqq x \leqq 3$ の範囲で等間隔な 101 個の数の列を x に代入します。次に

```
plt.plot(x, x ** 2)
```

と打ち込むと，横軸が x，縦軸が x の 2 乗の点がとられ，折れ線で結ばれます。x ** 2 は x の 2 乗です。最初の 101 という数に特に意味はありませんが，100 個の折れ線であればほぼ滑らかなグラフに見えます（次ページ上の左図）。

*4 見やすいように，カンマの後に半角スペースを入れていますが，スペースを入れずに詰めて書いてもかまいません。全角スペースは使えません。

```
[ ] import matplotlib.pyplot as plt
    import numpy as np

    x = np.linspace(-3, 3, 101)
    plt.plot(x, x ** 2)
```

```
[<matplotlib.lines.Line2D at 0x7fe49737e4e0>]
```

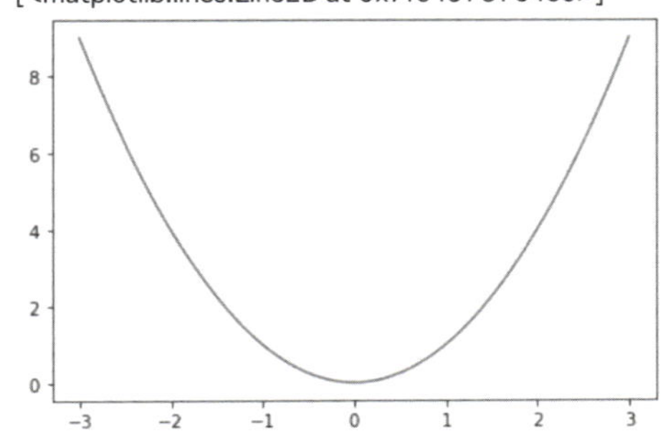

```
[ ] x = np.linspace(-1.2, 1.2, 101)
    plt.plot(x, x ** 3 - x)
    plt.axhline()
```

```
<matplotlib.lines.Line2D at 0x7fe49737efd0>
```

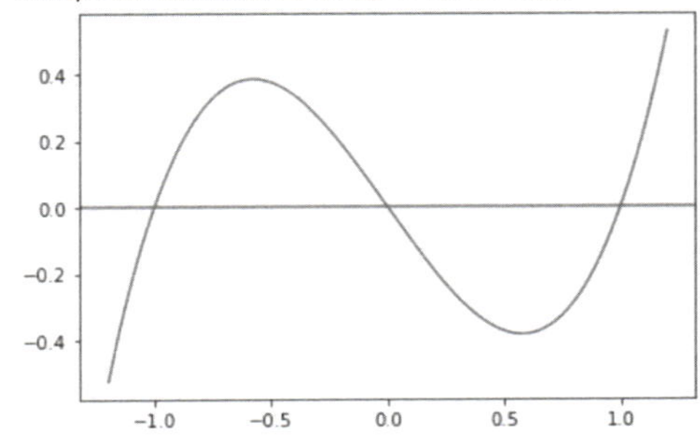

図 A.2　グラフの描画。左は $y = x^2$，右は $y = x^3 - x$ に水平線 $y = 0$ を描き加えたもの。

同様に，$y = x^3 - x$ を $-1.2 \leqq x \leqq 1.2$ の範囲で描くには，

```
x = np.linspace(-1.2, 1.2, 101)
plt.plot(x, x ** 3 - x)
```

とします。同じセルに続けて `plt.axhline()` と打ち込むと*5，$y = 0$ の水平線が描き加えられます（上の右図）。

理系の人は三角関数も描いてみましょう。$y = \sin x$ を $0 \leqq x \leqq 2\pi$ で描くには

```
x = np.linspace(0, 2 * np.pi, 101)
plt.plot(x, np.sin(x))
```

と打ち込みます。これに $y = \cos x$ を重ね書きするには，同じセルに

```
plt.plot(x, np.cos(x))
```

と追加します。色は自動で付けてくれます。

描いた図をドラッグ&ドロップすれば，PNG 画像を保存したり，別のアプリに貼り付けたりできます。

PNG 画像の大きさはインチという単位で指定します。例えば幅 8 インチ，高さ 6 インチに変えるには，グラフを描く命令の前に

```
plt.figure(figsize=(8, 6))
```

と打ち込みます。

*5 `plt.axhline()` は水平線，`plt.axvline()` は鉛直線を描きます。`plt.axhline(y=1)` や `plt.axvline(x=2)` のように 0 以外の座標を指定することもできます。

A.3 データファイルの読み方

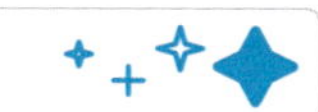

データを読み込んだり書き出したりするライブラリーは pandas（パンダズ）です。pd という短縮名でインポートしておきます。

```
import pandas as pd
```

第 6 章でも扱った日本の出生数・死亡数の Excel ファイルを，ここではサポートページから直接読み込んでみましょう。pd.read_excel() という関数を使います。

データは，サポートページ → data → birthdeath.xlsx にあります。ファイル名をクリックし，Download というボタンのリンク先 URL をコピー＆ペーストするのが簡単です。Colab には

```
df = pd.read_excel('')
```

とだけ打ち込んでおき，'' の間に URL をペーストします[*6]。確認のため，単に df と打ち込むと，データが表示されます。

*6 Python の引用符はダブルクォート " でもシングルクォート ' でもかまいません。

```
[ ] import pandas as pd

    df = pd.read_excel('https://github.com/okumuralab/literacy4/raw/master/data/birthdeath.xlsx')
    df
```

	年	出生数	死亡数
0	1899	1386981.0	932087.0
1	1900	1420534.0	910744.0
2	1901	1501591.0	925810.0
3	1902	1510835.0	959126.0
4	1903	1489816.0	931008.0
...	...	...	...
115	2014	1003539.0	1273004.0
116	2015	1005677.0	1290444.0
117	2016	977242.0	1308158.0
118	2017	946146.0	1340567.0
119	2018	918400.0	1362470.0

120 rows × 3 columns

図 A.3　Google Colaboratory で URL を指定して Excel データを読む。

別の方法として，左端の「ファイル」アイコンをクリックし，「セッションストレージにアップロード」でファイルをアップロードしてから，次のように打ち込んでも読み込めます。

```
df = pd.read_excel("birthdeath.xlsx")
```

A.4 データのグラフ化

この 120 行 3 列のデータについて，横軸に 1 列目（年），縦軸に 2〜3 列目（出生数・死亡数）をとってプロットするには，次のように打ち込みます。

```
plt.plot(df['年'], df['出生数'], 'o-')
plt.plot(df['年'], df['死亡数'], 's-')
```

オプション 'o-' は丸マーカー付き折れ線グラフ，'s-' は四角マーカー付き折れ線グラフを意味します。色は自動で選ばれます。

```
[ ] plt.plot(df['年'], df['出生数'], 'o-')
    plt.plot(df['年'], df['死亡数'], 's-')
```

[<matplotlib.lines.Line2D at 0x7fe4944e0828>]

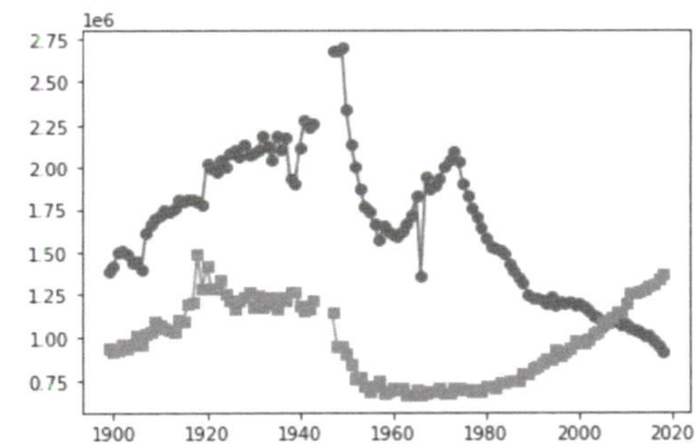

図 A.4 出生数・死亡数の推移（折れ線グラフ）。終戦直後 1947〜1949 年の第一次ベビーブーム，1966 年の「ひのえうま」，1971〜1974 年ごろの第二次ベビーブーム，最近の出生数・死亡数の逆転が読み取れる。グラフ左上の 1e6 は 10^6 つまり 100 万を意味する。

出生数だけ棒グラフにしてみましょう*7。

```
plt.bar(df['年'], df['出生数'])
```

折れ線グラフは必ずしも 0 から始まらないのに対して，棒グラフは必ず 0 から始まります。これは，棒グラフが面積比で量の比を表すものだからです。

*7 plt.bar() はデフォルトでは棒の幅がデータ間隔の0.8倍になるので，棒と棒の間に少し隙間ができます。隙間をなくすには plt.bar() にオプション width=1 を与えます。

A.5 直線のあてはめ

気象庁が https://www.data.jma.go.jp/cpdinfo/temp/list/csv/an_wld.csv で公開している世界の年平均気温偏差（°C）のデータを Python で調べてみましょう。

この気象庁の CSV ファイルは文字コードがシフト JIS なので，encoding='sjis' というオプションを付けて読みます*8。

```
df = pd.read_csv('https://www.data.jma.go.jp/cpdinfo/〈中略〉/an_wld.csv',
                 encoding='sjis')
```

ここで df とだけ打ち込めば，その中身が表示されます。「年」「世界全体」「北半球」「南半球」という列があります。「年」を横軸，「世界全体」を縦軸としてプロットします*9。

```
plt.plot(df['年'], df['世界全体'], 'o-')
```

*8 Python のデフォルトの文字コードは UTF-8 です。BOM が付いていても無視します。

*9 最新の数値（速報値）に * が付いていて，このままではプロットできないことがあります。その場合には，df['世界全体'] = df['世界全体'].str.replace('*', '', regex=False).astype(float) のようにして数値に直してからプロットしてください。

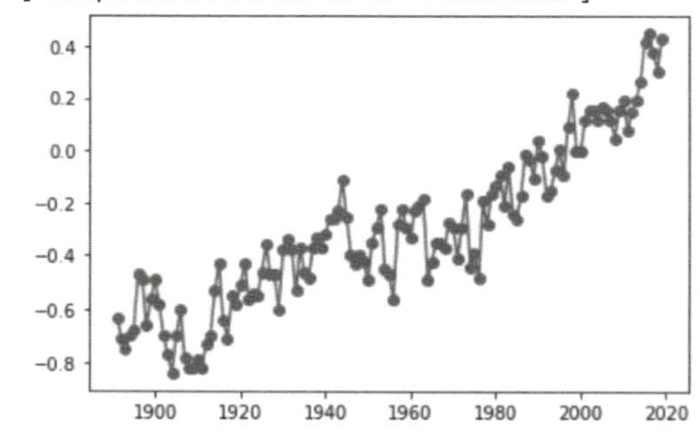

図 A.5　気象庁の世界の平均気温の推移をプロット

温暖化のようすを詳しく調べるため，直線をあてはめてみましょう。

```
slope, intercept = np.polyfit(df['年'], df['世界全体'], 1)
print("傾き", slope, "y切片", intercept)
```

と打ち込めば，傾き slope と y 切片 intercept が求められます。これらを print() で書き出しています。np.polyfit() は多項式（polynomial）で当てはめる（fit）ための関数です。最後の 1 は 1 次式を意味します。さらに，上と同じセルに

```
plt.plot(df['年'], df['年'] * slope + intercept)
```

と書き足せば，あてはめた直線がグラフに重ね書きされます。

索引

INDEX

た〜と

な〜の

は〜ほ

ま〜も

や〜よ

ら〜ろ

わ〜ん

■著者略歴
奥村 晴彦（おくむら はるひこ）
1951 年生まれ　三重大学名誉教授・教育学部特任教授
主な著書：『パソコンによるデータ解析入門』（技術評論社，1986 年）
『コンピュータアルゴリズム事典』（技術評論社，1987 年）
『C 言語による最新アルゴリズム事典』（技術評論社，1991 年）
『Java によるアルゴリズム事典』（共著，技術評論社，2003 年）
『LHA と ZIP—圧縮アルゴリズム×プログラミング入門』（共著，ソフトバンク，2003 年）
『Moodle 入門—オープンソースで構築する e ラーニングシステム』（共著，海文堂，2006 年）
『R で楽しむ統計』（共立出版，2016 年）
『R で楽しむベイズ統計入門』（技術評論社，2018 年）
『[改訂新版] C 言語による標準アルゴリズム事典』（技術評論社，2018 年）
『[改訂第 8 版] LaTeX 2ε 美文書作成入門』（共著，技術評論社，2020 年）
訳書：William H. Press 他『Numerical Recipes in C 日本語版』（共訳，技術評論社，1993 年）
Luke Tierney『LISP-STAT』（共訳，共立出版，1996 年）
P. N. エドワーズ『クローズド・ワールド』（共訳，日本評論社，2003 年）

森本 尚之（もりもと なおゆき）
1982 年生まれ　三重大学大学院工学研究科准教授

本書サポート：https://github.com/okumuralab/literacy4
技術評論社 Web サイト：https://book.gihyo.jp/

本文・カバーデザイン ◆ 浅野ゆかり
組　版 ◆ 奥村晴彦，森本尚之，須藤真己
編　集 ◆ 須藤真己

[改訂第 4 版] **基礎からわかる 情報リテラシー**

2007 年 5 月 10 日　初　版　第 1 刷発行
2014 年 2 月 15 日　第 2 版　第 1 刷発行
2017 年 11 月 23 日　第 3 版改版　第 1 刷発行
2020 年 11 月 19 日　第 4 版　第 1 刷発行
2022 年 2 月 23 日　第 4 版　第 4 刷発行

著　者　奥村晴彦・森本尚之
発行者　片岡　巌
発行所　株式会社技術評論社
東京都新宿区市谷左内町 21–13
電話　03–3513–6150　販売促進部
03–3513–6166　書籍編集部
印刷／製本　株式会社加藤文明社

定価はカバーに表示してあります

ISBN978-4-297-11710-8 C3055
Printed in Japan

[お願い]
■本書についての電話によるお問い合わせはご遠慮ください。質問等がございましたら，下記まで FAX または封書でお送りくださいますようお願いいたします。

〒162–0846
東京都新宿区市谷左内町 21–13
株式会社技術評論社書籍編集部
FAX：03–3513–6184
「基礎からわかる情報リテラシー」係

なお，本書の範囲を超える事柄についてのお問い合わせには一切応じられませんので，あらかじめご了承ください。